W0317306

KLARTEXT

Antje Zimmermann

Schönes NRW

Die schönsten Wildtierbeobachtungen in Nordrhein-Westfalen

Antje Zimmermann

Reisen und Berichten – mit diesen beiden Dingen hat Antje Zimmermann ihr bisheriges Berufsleben zugebracht. Über zwölf Jahre davon als Reiseexpertin vor und hinter der Kamera beim WDR. In Sendungen wie „daheim & unterwegs", „Wunderschön" und „planet wissen" hat die Journalistin von ihren weltweiten Recherchereisen berichtet. Und je mehr sie gereist ist, desto mehr hat die Kölnerin ein besonderes Reiseziel schätzen gelernt: ihre Heimat. Denn NRW bietet aus touristischer Sicht weit mehr, als die meisten Menschen ahnen. Das beweist eindrucksvoll der vorliegende Reiseführer, der spektakuläre Wildtierbeobachtungen in allen Teilen des Landes vorstellt.

Bibliografische Information der Deutschen Nationalbibliothek
Die Deutsche Nationalbibliothek verzeichnet diese Publikation in der Deutschen Nationalbibliografie; detaillierte bibliografische Daten sind im Internet über www.dnb.de abrufbar.

Schönes NRW IMPRESSUM

1. Auflage August 2016

Redaktion, Satz und Layout: Achim Nöllenheidt
Umschlaggestaltung: Volker Pecher
Druck und Bindung: Pátria Druckerei AG, H–1117 Budapest, Hunyadi János Út 7. Ungarn

© Klartext Verlag, Essen 2016
ISBN 978-3-8375-1676-0

Alle Rechte der Verbreitung, einschließlich der Bearbeitung für Film, Funk, Fernsehen, CD-ROM, der Übersetzung, Fotokopie und des auszugsweisen Nachdrucks und Gebrauchs im In- und Ausland vorbehalten.

Alle in diesem Buch enthaltenen Angaben wurden von der Autorin nach bestem Wissen erstellt und von ihr und dem Verlag mit größtmöglicher Sorgfalt überprüft. Gleichwohl sind inhaltliche Fehler nicht vollständig auszuschließen. Daher erfolgen die Angaben ohne jegliche Verpflichtung oder Garantie des Verlages oder der Autorin.

KLARTEXT
Friedrichstr. 34–38, 45128 Essen
info@klartext-verlag.de, www.klartext-verlag.de

INHALT

ABENDFÜHRUNGEN IN DER RUREIFEL

BIBER IM HÜRTGENWALD

- wieder angesiedelte Biber haben sich in der Rureifel stark vermehrt
- gute Chancen auf Sichtungen bei den seltenen Abendführungen
- spannende Exkursion in Begleitung einer Biologin

Wer auf Biber-Exkursion geht, muss mit Skepsis rechnen. „Da sieht man doch eh nichts" – lautet das Standard-Vorurteil. Denn die Tiere sind bekanntlich scheu, lärmempfindlich und nachtaktiv. Wenn eine laute Gruppe tagsüber durchs Biber-Land spaziert, wird sich das Vorurteil daher auch bestätigen. Bei den seltenen Abendführungen im Hürtgenwald sind die Chancen auf Sichtkontakt hingegen sehr groß. Denn die Touren finden in Begleitung der erfahrenen Biologin Uta Splettstößer statt, die weiß, wo die Tiere leben und zugleich auf ein rücksichtsvolles Verhalten der Teilnehmer achtet.

ZURÜCK IN DER ALTEN HEIMAT

„Immer geradeaus" – lautet die routinierte Anweisung der Anwohner. Bevor Auswärtige ihre Frage überhaupt formulieren können, werden sie von Passanten schon lachend durchgewinkt. Im Eifelörtchen Großhau ist man mit suchenden Naturfreunden vertraut. Ganz am Ende einer langen Straße liegt dann der „Biber-Parkplatz". Hier werden die Teilnehmer an einem lauen Sommerabend von Uta Splettstößer zur abendlichen Biber-Exkursion begrüßt. Sie begleitet seit vier Jahren Führungen im Hürtgenwald. Die Region in der Rureifel ist bei Bibern aufgrund der vielen Bäche besonders beliebt. Und so hat sich mittlerweile wieder eine größere Population hier angesiedelt. Die Eifel war schon vor Jahrtausenden Biber-Land. Doch ihr weiches Fell und das sogenannte „Bibergeil" – das Drü-

sensekret der Tiere – waren so beliebt, dass die Tiere intensiv bejagt wurden. Auch ihr Fleisch schätzten frühere Generationen – insbesondere am Freitag. Dafür wurden die Säugetiere einfach zu Fischen erklärt – leben Biber doch im Wasser und haben einen schuppigen Schwanz.
Bereits im 19. Jahrhundert waren Biber daher weltweit nahezu ausgerottet. Nur in abgelegenen Randregionen konnten einige wenige Individuen überleben. So stammen die heutigen Eifel-Biber aus einer Zuchtstation im fernen Russland. 1981 wurden die ersten drei Paare im Hürtgenwald freigelassen. Heute schätzen Experten, dass wieder ca. 400 Tiere in der Nordeifel leben.

Die Wiederansiedelung des Bibers in der Nordeifel ist ein großer Erfolg

Bild folgende Doppelseite: Wer Geduld mitbringt, wird in der Rureifel mit Bibersichtungen belohnt

BESSER ALS KINO – DER BIBER-AUSSICHTSPUNKT

Vom Parkplatz spaziert die Gruppe auf einem breiten Pfad bergab. Der Wald wird nach und nach immer dichter, der Vogelgesang lauter und der Fichtenduft intensiver. Auch wenn Uta Splettstößer sich für den breiten Schotterweg – der im Tal in eine stillgelegte Straße übergeht – quasi entschuldigt, ist die kleine Wanderung doch ein intensives Naturerlebnis. Am Weberbach angekommen, wird die aufgestaute Erwartung aber erst einmal enttäuscht. Denn weit und breit ist kein Biber in Sicht. Lediglich Fraßspuren und umgestürzte Bäume zeugen von der Präsenz der Tiere. Doch die Biologin rät zu Geduld und dem Aufstieg zur Biber-Aussichtsplattform. Kaum hat es sich die Gruppe im Hochsitz bequem gemacht, wird mit Hilfe von Fernrohren und Kameraobjektiven das ganze Areal abgesucht. Jede noch so kleine Bewegung lässt die Beobachter hoffen. So werden Wellen im Wasser euphorisch als Biber-Bewegungen interpretiert. Letztlich entpuppen sich aber zwei Enten als Verursacher der Aufregung. Doch dann zahlt sich die Geduld aus. Ein Biber gleitet langsam vom Ufer ins Wasser und taucht gut sichtbar unter der Oberfläche. Kameras klicken und Kinder jauchzen – werden von ihren Eltern aber gleich wieder zur Ruhe ermahnt. Denn Ruhe ist eine der Grundvoraussetzungen für den Verbleib der Biber in Sichtweise. Und so taucht dann nach einiger Zeit auch ein

Der Geschäftsführer des Rureifel-Tourismus e.V., Gotthard Kirch (l.), begutachtet die beachtliche „Landschaftsgestaltung" durch die Biber. Die neue Aussichtsplattform am Weberbach bietet den besten Ausblick auf den Lebensraum der Tiere.

zweites Tier an Land auf, das sich gemächlich bewegt und perfekt beobachten lässt.

WISSENSWERTES RUND UM DIE TIERE

Im Hochstand erzählt die Expertin dann Details zu den Nagern: Wer sich die Zahl „20" merkt, kann künftig schon mit einem erweiterten Biber-Wissen glänzen. Denn die Tiere wiegen 20 Kilo, werden 20 Jahre alt und haben 20 Zähne und Zehen. Auch die Zahl „zwei" hat im Biberleben große Bedeutung: Ein Biberpaar bekommt im Schnitt zwei Junge pro Wurf. Mit zwei Jahren wird der Nachwuchs angehalten, sich ein eigenes Revier zu suchen – das in der Regel zwei Kilometer entfernt liegt. Besonders anschaulich wird die Wissensvermittlung, als Ute Splettstößer aus ihrem Rucksack allerlei Dinge zutage fördert: zuerst einmal das Fell eines Bibers. Es ist schön und weich – besonders am Bauch. Beachtlich ist das Gebiss der Biber mit den ausgeprägten Nagezähnen. Und überraschend das Drüsensekret der Tiere. Ute Splettstößer hat eine Probe von „Bibergeil" dabei, die sie den Teilnehmern zusammen mit einer kleinen Warnung unter die Nase hält. Und diese Warnung ist wirklich angebracht, denn Bibergeil stinkt zum Himmel. Schwer vorstellbar, dass das Sekret früher zur Parfümherstellung verwandt wurde und heute nach neuesten Erkenntnissen in den USA sogar als Vanille-Ersatz verwandt wird.

Der Geruch von Bibergeil ist gewöhnungsbedürftig

Schönes NRW

INFORMATIONEN

Ⓟ **KONTAKT:**

Rureifel Tourismus e.V.

Tel.: 02446/805790

info@rureifel-tourismus.de

www.rureifel-tourismus.de/aktiv/bibertouren.html

www.unterwegs-in-der-natur.de

› **TREFFPUNKT:**

wird bei der Anmeldung bekannt gegeben

› **DAUER:**

2,5 Stunden

› **ANMELDUNG:**

um vorherige Anmeldung wird gebeten

› **PREIS:**

Erwachsene 8,00 Euro,

Kinder 4,00 Euro

› **HINWEIS:**

Hunde sind bei den Biberbeobachtungen in den Abendstunden nicht erwünscht, da sie die Tiere verscheuchen würden.

DAS PERLBACHTAL

IM REICH DER FLUSSPERLMUSCHELN

- eines der letzten Vorkommen in ganz Deutschland
- faszinierende Lebewesen, die bis zu 200 Jahre alt werden
- in jeder 1.000 Muschel bildet sich eine schimmernde Perle

Um die Flussperlmuscheln in der Eifel ranken sich viele Geschichten und Legenden. Fakt ist, dass die Tiere in NRW fast ausgerottet waren – nur dank des großen Engagements der Mitarbeiter der Biologischen Station der StädteRegion Aachen wächst heute wieder eine kleine Population im Perlbachtal heran. Die Geschichte, wie die Landschaftsökologin Heidi Selheim die Baby-Muscheln aufpäppelt, ist ungeheuer spannend. Und die Expertin bietet interessierten Naturfreunden sogar Besuche in der Biologischen Station an. Im dortigen Labor findet die Nachzucht der Flussperlmuschel statt. Bedingt durch natürliche Selektionsprozesse überleben allerdings nur wenige Tiere die erste Zeit. Diese werden dann in speziellen Kästen an ausgewählten Stellen im Perlbach ausgesetzt.

PERLENFISCHEN FÜR DEN HERZOG VON JÜLICH

Wer heute erlebt, unter welchen Mühen die Winzlinge aufgezogen werden, kann sich kaum vorstellen, dass der ganze Bach einmal voller Flussperlmuscheln war. Aber natürlich rührt der Name „Perlbach" genau von diesem Umstand her. So gab es im 17. Jahrhundert sogar ein Gesetz, das sogenannte „Perlregal", das den Umgang mit den Tieren im Detail regelte. Genau genommen, stellte es jede Wilderei unter drakonische Strafen. Verstümmelung oder sogar der Galgen drohte demjenigen, der sich über dieses Verbot hinwegsetzte. Einem einzigen Perlenfischer war es erlaubt, die begehrten Perlen einzusammeln – natürlich nur, um sie dann dem

örtlichen Feudalherren zu übergeben. Der Herzog von Jülich nannte das Perlbachtal damals sein Eigen und schmückte sich, genau wie seine Standesgenossen, nur zu gerne mit den schimmernden Perlen. Wer die Schmuckstücke betrachtet, kommt auch kaum auf die Idee, dass sie eigentlich „Abfall" sind. Denn die Muscheln ummanteln eingedrungene Fremdkörper mit einer perlmutthaltigen Substanz – und dann dauert es noch Jahre, bis daraus eine Perle entsteht. Mit dem Einmarsch Napoleons endeten die Herrschaft der Herzoge von Jülich und auch das Perlregal. Quellen berichten, dass die Muscheln in dieser Zeit massiv geplündert wurden. Noch 1880 sollen die Tiere Schubkarrenweise abtransportiert

Faszinierende Lebewesen, die über 200 Jahre alt werden können.

Bild folgende Doppelseite: Restvorkommen von Flussperlmuscheln im Perlbach. Zum Zeitpunkt der Aufnahme im Jahr 2007 gab es dort nur noch eine Handvoll Exemplare!

Heidi Selheim kontrolliert die Aufzuchtkästen der jungen Flussperlmuscheln

worden sein. Doch erst die vielen kleinen Umweltsünden der Neuzeit führten dazu, dass die freilebende Population der Perlmuscheln im Tal beinahe verschwunden wäre.

BABYSTUBE IN DEN KIEMEN DER BACHFORELLE

In wissenschaftlichen Kreisen geht man heute davon aus, dass die Flussperlmuschel das stolze Alter von 200 Jahren erreichen kann. Damit ist sie eines der ältesten Lebewesen im ganzen Tierreich. Der Fortpflanzungsprozess der Muscheln ist aber sehr kompliziert und von vielen Faktoren abhängig, was erklärt, warum sie beinahe ausgestorben wären. Jede Verunreinigung der Gewässer gefährdet die Tiere und vor allem das Fehlen eines ganz bestimmten Fisches kann ihnen zum Verhängnis werden: gibt es keine Bachforellen, gibt es keine Flussperlmuschel. Denn die Muscheln nutzen speziell diese Forellenart als Wirt. Zehn Monate lang leben die winzigen Muschellarven in den Kiemen der Bachforellen, bevor sie sich lösen und auf den Grund der Gewässer fallen. Nachdem 2008 bei aufwendigen Suchaktionen aber nur noch rund 30 Altmuscheln im Perlbach entdeckt wurden, griffen die Experten in den filigranen Prozess ein. Jetzt werden die Jungtiere nach der Bachforellen-Babystube ins behütete Labor-Kinderzimmer gebracht und erst nach einiger Zeit in speziell präparierten Kästen wieder im Fluss ausgesetzt – was ihre Überlebenschancen enorm erhöht. Diese Kästen pflegt Heidi Selheim regelmäßig ein- bis zweimal pro Woche. Im Frühjahr steht sie mit kniehohen Gummistiefeln sogar jeden Tag im eisigen Wasser und sorgt für die Jungtiere.

WANDERUNG ZUR NARZISSENBLÜTE IM PERLBACHTAL

Wer sich heute für die faszinierenden Lebewesen interessiert, hat zwei Möglichkeiten: erstens sich für einen Besuch bei Heidi Selheim in der Biologischen Station anmelden. Hier dürfen Besucher durch das Mikroskop schauen und beobachten, wie sich langsam ein kräftiger Fuß aus der Schale herausschlängelt und die Mini-Muschel in Bewegung setzt. Oder zweitens bei einer der geführten Wanderungen im Perlbachtal mitgehen. Sie finden zumeist im April statt – wenn die Narzissen blühen. Die meisten Menschen kennen die Gelbe Wildnarzisse nur als Osterglocke aus Vorgärten und dem Blumenhandel, wo sie ein eher unbeachtetes Dasein neben weit auffälligeren Blumen fristet. Wer hingegen einmal erlebt hat, wie sich das ganze Perlbachtal während der Narzissenblüte gelb verfärbt, wird der Blume künftig mehr Beachtung schenken. Und natürlich ist auf diesen Touren auch die Flussperlmuschel stets ein großes Thema.

DIE NARZISSEN-WANDERUNGEN IM PERLBACHTAL

Der Eifelverein im malerischen Monschau-Höfen – das wegen seiner vielen imposanten Hecken auch als „Heckendorf" bekannt ist – veranstaltet von Anfang April bis Anfang Mai Führungen. Die geführten Wanderungen finden bei jedem Wetter statt. Die genauen Termine werden jedes Jahr auf der Homepage des Eifelvereins bekannt gegeben.

› www.eifelverein-hoefen.de/wandern/narzissenbluete

Treffpunkt: „Naturhaus Seebend", Hauptstraße 123, 52156 Monschau-Höfen, an der Ortsdurchfahrt B 258 in Höfen
Dauer: ca. 3 Stunden
Anmeldung: nicht erforderlich
Preis: 5 Euro für Erwachsene/3 Euro für Kinder
Zusatzinfo: Festes Schuhwerk und wetterfeste Kleidung sind ratsam.

ZUSATZTIPP: Unmittelbar am Perlbach liegt ein romantisches Gasthaus: die Perlbacher Mühle. Die Inhaber Anna und Michael Theißen sind wie kaum eine andere Familie in der Region mit den ungewöhnlichen Lebewesen vertraut.

› www.perlbacher-muehle.de

Versteckt zwischen Bäumen liegt die „Perlbacher Mühle" im Tal.

Schönes NRW INFORMATIONEN

Perlbachtal

Biologische Station

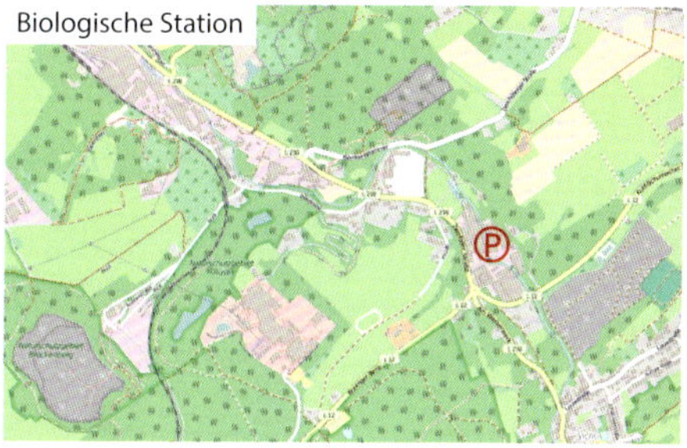

KONTAKT:
Biologische Station Städteregion Aachen e.V.
Zweifaller Straße 162
52224 Stolberg
Tel.: 02402/12617-0
info@bs-aachen.de
www.bs-aachen.de

› ANMELDUNG:
um eine vorherige Anmeldung wird gebeten

› PREIS:
kostenlos

AUF DER DREIBORNER HOCHFLÄCHE

BRUNFTSCHREIE DER ROTHIRSCHE

- große Familienverbände grasen entspannt auf der Hochfläche
- die Hirschbrunft rund um Dreiborn ist so laut, dass viele Anwohner nachts die Fenster schließen
- intensives Natur- und Geschichtserlebnis im „Geisterdorf" Wollseifen

Rothirsch – ein Prachtexemplar

Offenes Grasland, soweit man blickt – fast fühlt man sich an die Steppen anderer Kontinente erinnert. Die Dreiborner Hochfläche ist ein ganz besonderer Ort, auf dem sich die größte freilebende Wildtierart der Eifel sichtlich wohl fühlt. Insbesondere zwischen Mitte September und Mitte Oktober lohnt sich ein Besuch in der Region, denn dann findet das Naturschauspiel der Hirschbrunft statt. Akustisch irgendwo zwischen Löwe und Kuh angesiedelt, wechseln die Brunftschreie permanent in Frequenz und Intensität. Ein besonders erregter Hirsch kann bis zu 500 Schreie in der Stunde ausstoßen – und das ist auch der Grund, warum genervte Anwohner im Dorf Dreiborn in dieser Zeit die Fenster schließen.

FRÜHERES MILITÄRGELÄNDE, HEUTIGES NATURIDYLL

Leuchtend lila blühen die Lupinen. Junge Birken recken sich der Sonne entgegen. Und überall raschelt es im Unterholz. Was früher zu militärischen Zwecken genutzt wurde, ist heute Idylle pur. Zwischen 1946 und 2006 durften Zivilisten das Areal, auf dem regelmäßig Manöver stattfanden, nicht betreten. Ein unübersehbares Relikt dieser Zeit ist eine breite asphaltiere Straße, die mitten durch das Gelände führt. Ursprünglich konnten hier zwei Panzer bequem nebeneinander fahren.

Doch nun wuchert von links und rechts die Natur auf den Asphalt, so dass kaum noch eine einspurige Trasse übrig bleibt. Geblieben ist aber

Bild folgende Doppelseite:
Mit Beginn der Dämmerung kommen Dutzende Rothirsche auf die Dreiborner Hochfläche

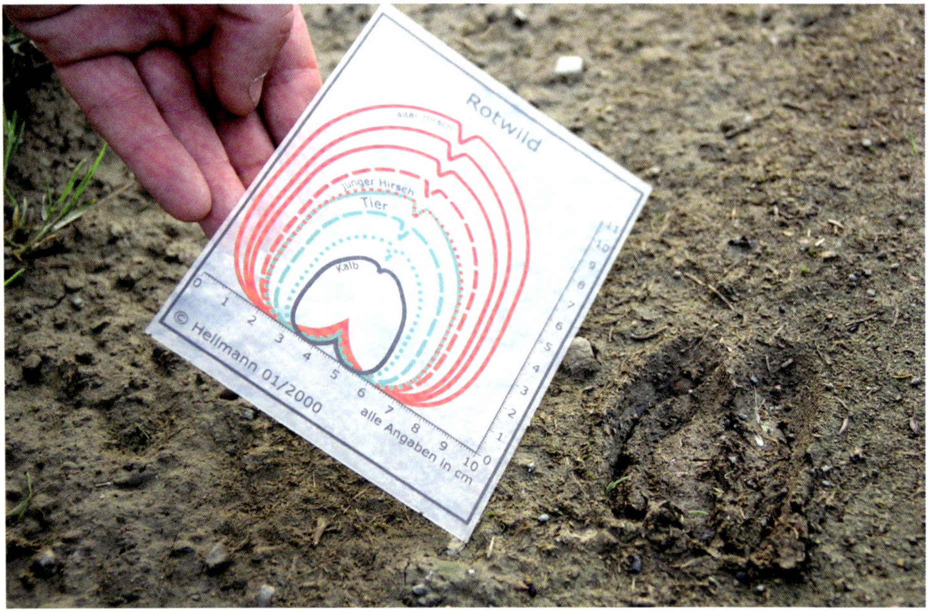
Rotwild
alter Hirsch
junger Hirsch
Tier
Kalb
0 1 2 3 4 5 6 7 8 9 10
0 1 2 3 4 5 6 7 8 9 10 11
© Hellmann 01/2000
alle Angaben in cm

der Name: „Panzerstraße". Und auf ihr sind heute Radfahrer und Wanderer unterwegs, die sich am Rotwild-Reichtum der Region erfreuen. Und kein Ort in NRW ist dafür besser geeignet als die Dreiborner Hochfläche. Dass die Huftiere hier massenhaft anzutreffen sind, hat mehrere Gründe. Die offene Landschaft kommt den ursprünglichen Bedürfnissen der tagaktiven Steppentiere entgegen, denn sie wurden erst von den Menschen in den Wald und die Nacht gedrängt. Auch darf auf dem rund 800 Hektar großen Gebiet nicht gejagt werden, was die Hirsche ziemlich genau zu wissen scheinen, denn sie halten sich genau in dem geschützten Bereich auf. Nicht selten mit 200 bis 300 Individuen gleichzeitig. Wer Geduld und ein Fernglas dabei hat, wird auf der Höhe also mit großer Wahrscheinlichkeit die gewünschte Tierbegegnung haben. Insbesondere früh morgens oder am späten Nachmittag stehen die Chancen gut.

WOLF UND LUCHS AUSDRÜCKLICH ERWÜNSCHT

Auch wenn viele Tierfreunde es nicht gerne hören: Im Nationalpark wird gejagt. Es finden sogenannte Regulierungsjagden statt. Davon betroffen sind Mufflons, also Wildschafe, die bei uns ohnehin nicht heimisch sind, Wildschweine und auch das Rotwild. Die rund 1.000 Hirsche, die aktuell im Nationalpark leben, sind nach Einschätzung von Experten bereits eine Gefahr für die Waldentwicklung. Denn sie bedrohen insbesondere den Bestand junger Buchen. Deren Rinde nagen die Hirsche neben Trieben, Blättern und Gras mit Vorliebe an. Und da im Nationalpark wieder ein ursprünglicher Buchenwald entstehen soll, greift der Mensch an dieser Stelle regulierend ein. Noch. Deutlich lieber wäre es der Nationalpark-Verwaltung, wenn Wolf und Luchs ihnen die Jagd abnehmen würden. Doch bis dato gab es vom Luchs nur Stippvisiten und der Wolf macht sich in der Eifel gänzlich rar.

STRIKTES WEGEGEBOT – ANSONSTEN KNALLT ES WOMÖGLICH

Der militärischen Vergangenheit ist auch das strikte Wegegebot auf der Hochfläche geschuldet. Denn wer die eingezeichneten Wanderwege verlässt, läuft Gefahr mit zurückgelassenen Kampfmitteln des ehemali-

Mit Hilfe dieser Tabelle können die Trittsiegel des Rotwildes eindeutig bestimmt werden

Idylle pur auf der Hochebene

gen Truppenübungsplatzes Vogelsang Bekanntschaft zu machen. Über diese und weitere Verhaltensregeln informieren große Tafeln im Gelände. Die auch dazu aufrufen, Hunde anzuleinen und sich generell rücksichtsvoll zu verhalten. Insbesondere sollen nur Eindrücke gesammelt werden und nicht etwa Pflanzen und Tiere.

ZUSATZTIPP: Auch wenn Besucher im Nationalpark in erster Linie das Wilde und Ursprüngliche suchen, gibt es in dem riesigen Gebiet auch von Menschenhand geschaffene Orte, die einen Besuch lohnen. Etwa das „Geisterdorf" Wollseifen. Unmittelbar nach dem Zweiten Weltkrieg wurde der Ort von den Briten zwangsgeräumt und diente danach Jahrzehnte lang als Truppenübungsplatz. Panzer rollten über die grüne Hochfläche und Kugeln flogen durch die klare Mittelgebirgsluft. Heute herrscht in Wollseifen eine ungewöhnliche Atmosphäre. Die Häuser sind verwittert und verfallen. Vereinzelte Einschussspuren zeugen von der militärischen Nutzung. Wanderer mit ein wenig Fantasie beschreiben den Ort daher gerne als „gespenstisch". Mitten im Dorf steht allerdings die gut erhaltene Kirche St. Rochus, die im Abendlicht eher friedlich denn unheimlich wirkt. Der geschichtsträchtige Ort kann auf verschiedenen Wanderwegen, aber auch im Rahmen einer geführten Ranger-Tour erreicht werden.

Die 2002 unter Denkmalschutz gestellte Kirche St. Rochus im „Geisterdorf" Wollseifen

Schönes NRW

INFORMATIONEN

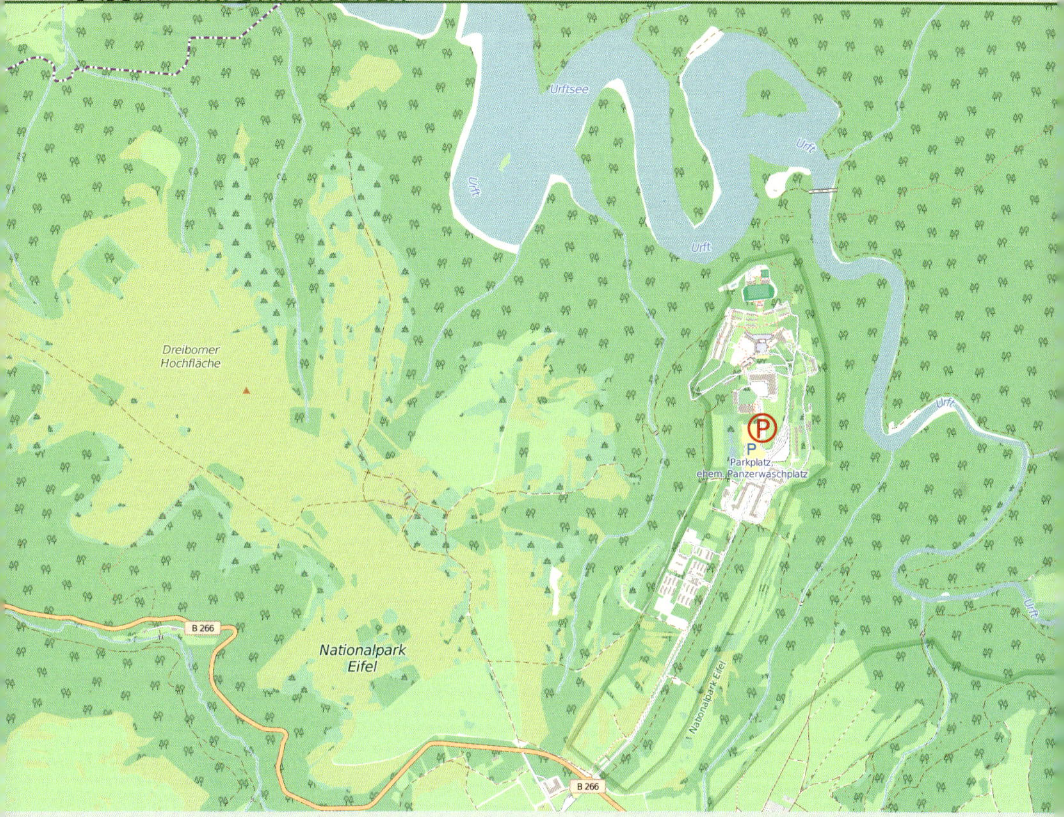

TREFFPUNKT:
Kulturkino Vogelsang IP

› KONTAKT:
Vogelsang IP Forum Vogelsang
53937 Schleiden
Tel.: 02444/91579-0
info@vogelsang-ip.de

› TERMIN:
immer sonntags um 13 Uhr

› DAUER:
3 Stunden

› ANMELDUNG:
nicht erforderlich

› PREIS:
kostenlos

IM NATIONALPARK EIFEL WÄCHST DER URWALD

WILDKATZEN UND WILDSCHWEINE

- kostenlose Tierspuren-Wanderung in Ranger-Begleitung
- garantierte Wildtierbegegnungen – nur womöglich andere als gedacht
- die Tour findet zu unterschiedlichen Jahreszeiten statt, und jede hat ihren Reiz

Der einzige Nationalpark unseres Landes ist Heimat unzähliger Wildtiere: 4.500 Tiere und Pflanzen listet der Nationalpark Eifel auf seiner Homepage auf. Und je spektakulärer die Tiere sind, desto größer das öffentliche Interesse. So lösen Luchs-Sichtungen stets ein enormes Medienecho aus. Die Tiere kommen über die Vogesen und Ardennen in die Eifel und 2003 ist das erste Foto entstanden, dass die scheue Raubkatze bei uns zeigt. Seither gab es immer mal wieder Wanderer, die von Luchs-Begegnungen berichteten und Experten, die Fraßspuren dem Tier zuschrieben. Dauerhaft ist der Nationalpark den Luchsen zwar zu klein, aber bei ihren langen Streifzügen betreten sie regelmäßig NRW-Boden. Fest bei uns verwurzelt ist hingegen die Wildkatze. Noch im 20. Jahrhundert galt sie als nahezu ausgerottet; heute leben wieder rund 1.000 Individuen im Gebiet von Eifel und Ardennen. Um sie und viele andere Eifelbewohner dreht sich die spannende Tierspuren-Wanderung, die einmal im Jahr vom Nationalpark kostenlos angeboten wird.

NUR AUF DEN ERSTEN BLICK VERTRAUT

Wildkatzen sind extrem scheu, so dass Begegnungen Seltenheitswert haben

Wer einmal das Glück haben sollte, einer Wildkatze zu begegnen, dürfte sich im ersten Moment an unsere Hauskatzen erinnert fühlen. Rein äußerlich unterscheiden sich die Wilden von den Domestizierten nämlich kaum. Doch in ihrem Inneren lauert ein „Tiger". Dieser Ansicht haben sich auch findige Marketingexperten angeschlossen, die die Tiere „Eifeltiger" tauften

– das klingt so wunderbar wild. Doch wahrscheinlich werden die meisten Nationalpark-Besucher nie einen der kleinen „Tiger" zu Gesicht bekommen. Ranger Bernd Wiesen, der tagein tagaus durch das Areal streift, hatte in seinem langen Berufsleben bisher nur drei kurze Begegnungen. So scheu die Tiere sind, so aggressiv sind sie: Wildkatzen könnten niemals gezähmt wer-

Bild folgende Doppelseite: Im Nationalpark Eifel entstehen wieder ursprüngliche Buchenwälder, wie sie in Deutschland früher vorherrschten

den. Und wer sie – auf Fotos – genauer betrachtet, erkennt mit ein bisschen Übung auch die optischen Unterschiede. Ein Aalstrich verläuft als schwarze Linie über den Rücken der Wildtiere; ihr Schwanz ist auffallend buschig und die Nase intensiv fleischfarben. Die Ohren sind größer und insgesamt wirken die Tiere ein wenig robuster als unsere Hauskatzen. Dass sie sich in der Region wohlfühlen, belegt ihre große Nachkommenschaft. Die in drei Ländern beheimateten „Eifel-Tiger" sind mittlerweile die größte Wildkatzen-Population Mitteleuropas. Und von fast allen gibt es ein schönes Porträtfoto – dank punktuell aufgestellter Fotofallen.

EINZELGÄNGER MIT GROSSEM REVIER

Die Kameras werden durch Wärme ausgelöst und können so die umherstreifenden Tiere gut dokumentieren. Alle Wildkatzen haben eine unterschiedliche Gesichtsmaserung und Fachleute sind in der Lage, diese auseinanderzuhalten. Auch für Nationalpark-Besucher, die die Tiere unbedingt einmal in freier Wildbahn erleben möchten, haben die Experten einen Tipp: raus aus dem Wald. Auf offenen Wiesen stehen die Chan-

Wer genau hinsieht, entdeckt überall im Nationalpark Tierspuren

cen für Begegnungen besser, denn hier jagen die Katzen ihre bevorzugte Speise – Mäuse. Und insbesondere wenn die Wiesen gerade frisch gemäht wurden, kann es tatsächlich passieren, dass man den Eifeltiger im flachen Gras auf Beutezug sieht. Zumeist allein. Denn Wildkatzen sind Einzelgänger. Männchen und Weibchen treffen sich nur zur Paarung. Und nach rund sechs Monaten verjagt die bis dato fürsorgliche Katzenmutter auch die Jungen aus ihrem Revier. Dann müssen sich die Jungkatzen ein eigenes Zuhause suchen. Was gar nicht so einfach ist. Wildkatzen markieren ihr Revier mit Urin und lassen es durchaus auf einen „Catfight" ankommen. Und was weit schlimmer ist: Autobahnen durchschneiden den Lebensraum der Tiere. Wodurch besonders junge und unerfahrene Tiere häufig tot am Straßenrand enden. Hier setzt das „Rettungsnetz Wildkatze" ein. Seit 2004 läuft die Initiative, die Wildkatzen-Lebensräume miteinander verbindet und sogenannte „grüne Brücken" über vielbefahrene Straßen baut. So können sich Wildtiere ohne Gefahr für Leib und Leben fortbewegen. Rund 50 dieser Brücken gibt es mittlerweile in Deutschland.

› www.wildkatze.info

Ursprüngliche Landschaft im Nationalpark

ÜBERALL SPUREN TIERISCHER AKTIVITÄT

Weit häufiger als Wildkatzen werden Besucher im Nationalpark Wildschweine erleben. Vor allem ihre Spuren, die allgegenwärtig sind. Von Laien aber nicht immer sofort als solche erkannt werden. Etwa der Malbaum. Um ihn und seine tierischen Nutzer zu erkennen, bedarf es einiger Erfahrung. Ranger Bernd Wiesen erklärt auf seinen Touren, dass die Tiere den Baum zur Fellpflege nutzen. Nach einem ausgiebigen Schlammbad reiben die Schweine hier angetrockneten Schlamm wieder ab. Die borstigen Haare an der Rinde und auch die Höhe der Abriebstelle lassen klar erkennen, wer hier Körperpflege betrieben hat. Auch anhand der Trittsiegel, so heißen tierische Fußspuren, lässt sich ziemlich genau erkennen, wer gerade im Wald unterwegs ist. Insbesondere rund um Ginsterbüsche finden sich viele Wildschwein-Trittsiegel. Denn sie lieben den leuchtend gelben Ginster – auch das erzählt der Ranger. Genauso wie Details aus dem schweinischen Familienleben. Zwischen Februar und April werden die meisten Frischlinge geboren – bis zu zehn pro Wurf. Und dann sind die Muttertiere bekanntlich besonders wachsam. Glauben sie ihren Nachwuchs bedroht, werden Säue auch schon mal aggressiv.

Die Tierspuren-Wanderung wird häufig im Winter angeboten, denn im Schnee lassen sich die Trittsiegel besonders gut erkennen. Neben den vielen unerwarteten Begegnungen mit den heimischen Tieren sind es auch die vielen Erläuterungen zum Nationalpark, die die Ranger-Führungen so spannend machen. Der 2004 eingerichtete Park wandelt sich langsam zum Urwald. 60 Prozent der Fläche werden bereits komplett sich selbst überlassen. Ziel in Nationalparks ist es, nach 30 Jahren eine Quote von 75 Prozent zu erreichen.

Mit Ranger Bernd Wiesen unterwegs im Nationalpark

Schönes **NRW** INFORMATIONEN

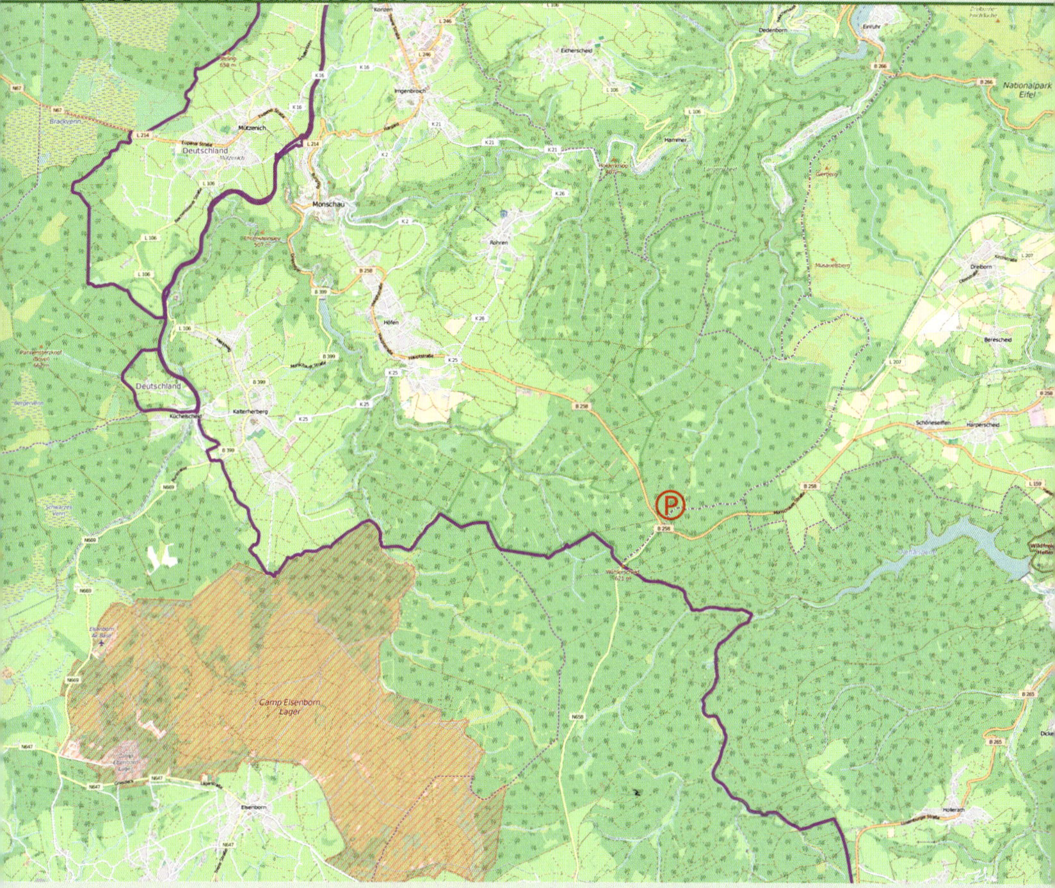

TREFFPUNKT:
Parkplatz Wahlerscheid

› KONTAKT:
genaue Informationen zum Termin und zum Treffpunkt:
Tel.: 02444/9510-0
info@nationalpark-eifel.de
www.nationalpark-eifel.de

› DAUER:
3-4 Stunden

› ANMELDUNG:
vorherige Anmeldung nicht erforderlich

› PREIS:
kostenlos

SCHMETTERLINGE IM URFTTAL

KAISERMANTEL UND WALDTEUFEL

› das bedeutendste Schmetterlingsvorkommen in NRW
› nur im Urfttal lebt der seltene Waldteufel (Erebia aethiops) noch
› die Exkursion über blühende Magerwiesen ist ein Sinnesrausch

Schmetterlingen geht es wie den meisten Menschen: Sie mögen Licht und Wärme. Bei Temperaturen um die 27 Grad schwärmen die Schönheiten aus und bevölkern das nicht minder schöne Urfttal in der Rureifel. Das Tal liegt südlich von Nettersheim und ist für sein großes Falter-Vorkommen bekannt. Nirgendwo sonst in NRW gibt es so viele Arten und Individuen. Wer sich einer der Schmetterlings-Exkursionen vom Naturzentrum Eifel anschließt, wird schnell begeistert sein: gibt es doch den braunorangen Kaisermantel auf knallgelben Butterblumen zu entdecken. Das schwarz-weiße Schachbrett auf dunkelblauen Glockenblumen. Oder den kleinen Perlmuttfalter auf duftendem Thymian. Farbenpracht, urwüchsige Natur und fachkundige Begleitung machen die Touren zum Erlebnis.

FASZINIERENDE GESTALTENWANDLER IN IHRER SCHÖNSTEN PHASE

Viermal pro Jahr startet Hartmut Voßwinkel zur Schmetterlingsexkursion. Der Autodidakt hat die Welt bereist und überall spektakuläre Naturbeobachtungen gemacht – doch sein Herz gehört den heimischen Faltern in der Eifel. Und dass mit gutem Grund: Sowohl die Landschaft, als auch die Artenvielfalt im Urfttal sind außergewöhnlich. Bei den Schmetterlingen ist es die Metamorphose, die besonders begeistert – wie aus unscheinbaren Raupen und Puppen filigrane Falter entstehen, hat die Menschen seit je-

Der Kaisermantel ist der größte europäische Perlmuttfalter und im Urfttal häufig anzutreffen

her fasziniert. Schmetterling, Butterfly, Papillon – in vielen Sprachen tragen die Tiere besonders schöne Namen und finden sich in Literatur und Poesie wieder. Wer Inspiration für die eigene Fantasie sucht, braucht nur das Urfttal zu besuchen. Zwischen Frühjahr und Herbst sind in der Region etwa

Bild folgende Doppelseite: Dieser Schwalbenschwanz ist ein besonders schönes Exemplar seiner Art

60 Tagschmetterlingsarten anzutreffen. Allerdings fliegen die einzelnen Arten nur für kurze Zeit. Denn wenige Wochen nach ihrem Hochzeitstanz sterben die meisten Schmetterlinge bereits wieder. Viele Weibchen sind von der Eiablage sogar so erschöpft, dass sie nur sieben bis 21 Tage leben. Die beste Zeit, um sich an den fragilen Faltern zu erfreuen, liegt zwischen Juni und August. An sonnigen Tagen ist die rund vierstündige Führung ein besonderes Vergnügen, denn je weiter die Gruppe ins Tal kommt und je mehr Sonnenstrahlen auf den Boden treffen, desto mehr Schmetterlinge setzen sich in Bewegung. Erst sind es nur vereinzelte Exemplare. Dann umschwirren Dutzende Arten die Ausflügler. Einige sind sehr flüchtig und bereits in der Luft, bevor die Teilnehmer sie fotografieren können. Andere scheinen das Posieren zu genießen und verweilen so lange auf einer Blüte, bis auch das letzte Bild gemacht ist.

UNMUTSGESTEN UND SCHLÜSSEL-SCHLOSS-PRINZIP

Unterwegs erzählt Hartmut Voßwinkel viele spannende Details. Etwa, dass Männchen vor den Weibchen ihrer Art schlüpfen. Dadurch ist gewährleistet, dass sie bei ihrem Hochzeitsflug nicht den eigenen Schwestern begegnen, sondern sich auf die Suche nach Geschlechtspartnern begeben müssen. Ihr Weg führt sie dann in entfernte Reviere und zu nicht verwandten Weibchen. Für die Geschlechtsorgane der Tiere gilt das Schlüssel-Schloss-Prinzip, so dass sich die Schmetterlinge in aller Regel nur innerhalb der eigenen Art fortpflanzen können. Hybriden sind bei Faltern daher extrem selten. Nach einer kurzen Einweisung erkennen Naturfreunde die wichtigsten Arten in der Eifel: Schornsteinfeger, Kaisermantel, Schachbrett und Ochsenauge fliegen besonders häufig durchs Urfttal. Das Geschlecht der Tiere zu bestimmen ist da schon weit schwieriger, aber mit ein bisschen Übung gelingt den Teilnehmern auch dies. Genauso spannend wie das Paarungsverhalten der erwachsenen Schmetterlinge, die übrigens unmittelbar nach dem Schlüpfen geschlechtsreif sind, ist ihr Sozialverhalten. Und das wird gelegentlich sogar gegenüber Menschen deutlich. Nähert sich jemand ungebeten den Tieren, reagieren sie mit einer Unmutsgeste. Es wird aufgeregt mit den Flügeln geschlagen – in der Hoffnung, dass sich der Störenfried wieder verzieht.

Je sonniger das Wetter ist, desto mehr Arten und Individuen sehen die Teilnehmer der Exkursion. Mit einiger Wahrscheinlichkeit darunter auch den in NRW sehr seltenen „Waldteufel" (Bild o.)

DER WALDTEUFEL – DAS „BRAUNE JUWEL" IM URFTTAL

Das Tal ist auch deshalb so bedeutsam, weil hier der Graubindige Mohrenfalter, auch als „Waldteufel" bekannt, lebt. Zum Zeitpunkt der Sichtung galt der Schmetterling in NRW bereits als ausgestorben. Dass die rund vier Zentimeter kleinen Falter bundesweit auf der Roten Liste der gefährdeten Arten stehen, hängt mit den hohen Ansprüchen zusammen, die sie an ihren Lebensraum stellen: Die Kombination von Kalkmagerrasen in Höhenlagen mit lichtdurchfluteten Kiefernwäldern finden die Tiere heute in Nordrhein-Westfalen nur noch bei Nettersheim. Der Verein der Rheinisch-Westfälischen Lepidopterologen (Schmetterlingsforscher) kümmert sich um den Erhalt des Biotops. Und bei Führungen werden die Teilnehmer daher auch angehalten, auf den Wegen bzw. im Gänsemarsch hintereinander auf den kleinen Trampelpfaden zu gehen, um die Fauna und Flora nicht zu beschädigen.

ZUSATZTIPP: Wer es zu den Terminen der Führungen nicht ins Urfttal schafft, kann sich trotzdem am Schmetterlingsreichtum der Region erfreuen und viel Wissenswertes über die Tiere erfahren, denn es gibt einen speziellen Erlebnispfad. Aufwändig gestaltete Schautafeln bieten u.a. Einblicke in das Balzverhalten des Kaisermantels, die kulinarischen Vorlieben der Raupen und den Lebensraum des Waldteufels.

Auf Schautafeln erfährt man spannende Details über das große Flattern im Urftal

Schönes NRW INFORMATIONEN

TREFFPUNKT:

Naturzentrum Eifel, Urftstr. 2-4, 53947 Nettersheim
Tel.: 02486/1246
naturzentrum@nettersheim.de
www.naturzentrum-eifel.de

› PREIS:

Erwachsene 5,00 Euro, Kinder 3,00 Euro

› DAUER:

ca. 4 Stunden, Anmeldung erforderlich.
Genaue Termine im Programm

› INFO:

Gutes Schuhwerk und lange, geschlossene Hosen wegen der Zeckengefahr

IM MERFELDER BRUCH

DIE WILDPFERDE DES HERZOGS

- die letzten Wildpferde NRWs
- Führungen in Begleitung der Oberförsterin
- spektakulärer Einfang der einjährigen Hengste

Neben den Wisenten sind sie sicherlich die bekanntesten unter den nordrhein-westfälischen Wildtieren. Und das aus gutem Grund: Die bei Dülmen im Münsterland lebenden Tiere sind die letzten ihrer Art – eine besonders alte und besonders ursprüngliche Kleinpferderasse. Die erste urkundliche Erwähnung der Tiere datiert aus das Jahr 1316. Allerdings ist davon auszugehen, dass sie bereits lange davor im Münsterland lebten – so wie früher viele Wildpferde in der Region beheimatet waren. Doch bis auf die Dülmener sind alle verschwunden. Dass die kleine Herde Jagd und Ackerbau überlebt hat, ist dem beherzten Eingreifen eines Herzogs zu verdanken. Alfred Herzog von Croy ließ Mitte des 19. Jahrhunderts die letzten freilau-

Die Wildpferde im Merfelder Bruch sind weit über die Grenzen von Nordrhein-Westfalen bekannt

fenden Pferde einfangen und in ein eingezäuntes Areal bringen. Womit er den Grundstein für das letzte Wildpferdegestüt Europas legte.

400 WILDE TIERE LEBEN IN URSPRÜNGLICHEN WÄLDERN

Das kleine Schutzgebiet im Merfelder Bruch ist über die Jahre konsequent erweitert worden und umfasst heute 350 Hektar. Eine abwechslungsreiche Landschaft, mit großen Moor- und Heidegebieten sowie urwüchsigen Wäldern, in der die Tiere unter idealen Bedingungen leben und weitgehend sich selbst überlassen sind. Nur im Winter füttern die Förster Heu dazu, um zu verhindern, dass die Tiere sämtliche Baumrinden annagen. Ansonsten müssen die Pferde ihr Leben alleine meistern, auch Verletzungen, Erkrankungen und Unwetter. Durch diese Entbehrungen findet eine natürliche Selektion statt, was die Herde zu einer besonders widerstandsfähigen und anspruchslosen Pferderasse werden ließ. Streng zoologisch betrachtet, sind sie allerdings keine reinen Wildtiere mehr. Denn um den Genpool der verbliebenen Tiere aufzufrischen, wurden zwischenzeitlich andere Ponyrassen eingekreuzt. Im Gegensatz zu den amerikanischen Mustangs oder den Pferden in der Camarque, die lediglich verwilderte Hauspferde sind, haben die Dülmener Tiere aber tatsächlich noch wildes Blut in ihren Adern. Und so weisen sie auch viele

Bild folgende Doppelseite: Auf einer Fläche von rund 3,5 Quadratkilometern sind die Pferde weitgehend sich selbst überlassen

Erstmals urkundlich erwähnt wurden die Wildpferde von Dülmen im Jahr 1316

optische Merkmale der ursprünglichen Wildpferde auf. Ihr Fell schimmert in allen Schattierungen zwischen Braun und Grau. Wobei das graue Fell auf die Einkreuzung der Tarpane zurückzuführen ist und die falbe Farbe auf den Einfluss mongolischer Wildpferde zurückgeht. Die kleinen Pferde erreichen ein Stockmaß von ca. 1,35 cm und verfügen alle über den sogenannten „Aalstrich". Das ist ein schwarzer Streifen, der von der Mähne über den gesamten Rücken bis zum Schweif verläuft.

FÜHRUNGEN MIT DER OBERFÖRSTERIN

Obwohl knapp 400 Pferde in dem Gebiet leben, ist es erstaunlich still. Nur das Rauschen des Windes und gelegentliche Vogelrufe sind zu vernehmen. Erst wenn man den Tieren näher kommt, gesellt sich noch ein weiteres Geräusch dazu: das Mahlen großer Zähne, die unermüdlich Gras kauen. Dass man den Pferden nah genug kommen kann, um solche Dinge wahrzunehmen, ist ihrem fehlenden Fluchtinstinkt zu verdanken. Fressfeinde gibt es keine im Merfelder Bruch und natürlich auch keine Jagd. Bei Führungen erfahren Besucher sämtliche Details aus dem Leben der Tiere. Durchgeführt werden sie von Forstoberinspektorin Friederike Rövekamp. Sie ist bereits seit 17 Jahren für die Tiere verantwortlich und berichtet anschaulich etwa über deren Sozialleben: Die große Herde ist in kleinere Familien unterteilt, jeweils angeführt von der erfahrensten Stute. Die meiste Zeit verbringen alle Familienmitglieder mit Grasen – bis zu 16 Stunden am Tag. Lediglich Fohlen, die noch gesäugt werden, haben genügend „Freizeit", um wild herumzuturnen. Was sie sehr zur Freude der Besucher – und natürlich der eigenen – ausgiebig tun.

SPAGAT ZWISCHEN TIERSCHUTZ UND TOURISMUS

Spannend ist auch, dass die Tiere ein Sommer- und Winterfell tragen: in der warmen Jahreszeit mögen es die Wildpferde kurz und glatt. Bei Kälte lang und zottelig. Und je kleiner die Tiere sind, desto dichter tragen sie das Winterfell. Zu sehen bekommen die meisten Besucher den winterlichen Dress allerdings nicht, denn die Führungen finden nur zwischen Ende März und Anfang Oktober statt. Wichtigstes Anliegen von Friede-

Bild folgende Doppelseite: Die Herde besteht aus knapp 400 wilden Pferden

rike Rövekamp ist es dabei stets, Verständnis für die Wildtiere und ihre Bedürfnisse zu wecken. Denn die Dülmener Tiere haben viel mehr mit unserem heimischen Rotwild gemeinsam, als mit den Dressur- und Springpferden, die wir aus Ställen oder dem Fernsehen kennen. Dabei ist sich die Försterin stets bewusst, dass die Besuche im Naturschutzgebiet einen Spagat darstellen: Einerseits sind die Wildpferde eine wichtige Sehenswürdigkeit im Münsterland, andererseits ist es das primäre Interesse der Verantwortlichen, die Tiere wild und frei zu halten.

EINFANG DER JUNGHENGSTE – DIE JÄHRLICHE TOURISTENATTRAKTION

Einmal im Jahr, immer am letzten Samstag im Mai, ist es mit dem selbstbestimmten Pferdeleben vorbei. Dann werden die Tiere zusammen- und in die große Arena von Dülmen getrieben, wo es ein bisschen wie im Wilden Westen zugeht. Nur dass hier keine Cowboys, sondern örtliche Bauern am Werke sind. Und anstelle von Lassos die eigenen Hände zum Einsatz kommen. Der Versuch, den wilden Pferden ein Halfter umzulegen, geht allerdings nie ohne blaue Flecken auf menschlicher und einiger Angst auf tierischer Seite ab. Deshalb wird das Spektakel von Tierschützern auch kritisch gesehen. Allerdings gibt es wenige andere Möglichkeiten, die Jährlinge von ihren Familien zu trennen. Und die Einnahmen aus der Show sind wichtig für den herzöglichen Betrieb, der noch heute für die Tiere sorgt. Würde man die jungen Hengste in der Herde belassen, käme es zudem zu erbitterten Kämpfen, denn wegen der Umzäunung des Schutzgebietes gibt es für sie keine Möglichkeit abzuwandern – was sie in freier Wildbahn tun würden.

Beliebtes Spektakel: Mit bloßen Händen fangen junge Männer aus der Region die einjährigen Hengste der Herde ein

› www.wildpferde.de

Schönes NRW

INFORMATIONEN

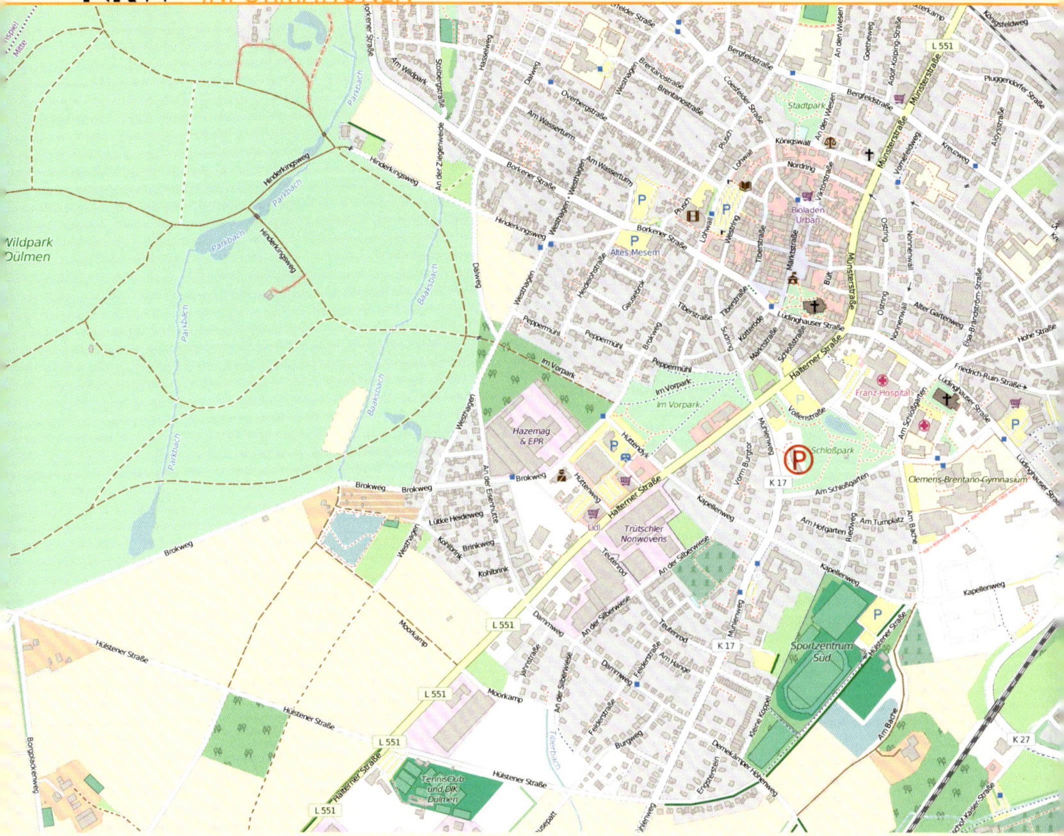

ⓟ **TREFFPUNKT:**

die Gruppen treffen sich an der Hauptzufahrt der Wildpferdebahn: Schlosspark 1, 48249 Dülmen (nicht alle Navis erkennen die Adresse. Dann der Beschilderung folgen.)

› **DAUER:**

1 Stunde

› **PREIS:**

Erwachsene 3,00 Euro, Kinder 1,50 Euro, plus einer Pauschale von 40,00 Euro pro Führung.

› **ZUSATZINFO:**

Der Zugang zum Naturschutzgebiet ist unter der Woche gesperrt, dann gelangen Besucher nur im Rahmen von Führungen mit Friederike Rövekamp zu den Tieren. Am Wochenende hält sich die Herde auf der sogenannten Besucherwiese auf, wo sie für Besucher gut sichtbar ist. Dann finden allerdings keine Führungen statt.

DIE „NACHTIGALL DES NORDENS" IN DEN RIESELFELDERN VON MÜNSTER

DER GESANG DER BLAUKEHLCHEN

- größter Bestand an Blaukehlchen landesweit
- Vogelschutzgebiet von internationaler Bedeutung mit brütenden Störchen und tanzenden Odinshühnchen
- Aussichtsplattformen und Stege im Areal ermöglichen faszinierende Einblicke

Haben Sie schon einmal von „Twitchern" gehört? Nein? Das muss Sie jetzt nicht weiter beunruhigen, denn die sogenannten Twitcher sind schon recht seltsame Zeitgenossen. Wie andere Leute Briefmarken sammeln sie Vögel. Das erklärte Lebensziel eines Twitchers ist die Sichtung möglichst vieler, möglichst exotischer Vögel unken jene, die sich über sie lustig machen. Und erklären auch gleich noch, dass die Vogelnarren die Tiere am liebsten abschießen und ausstopfen würden. Doch das würde sie natürlich mit dem Gesetz in Konflikt bringen. Und so müssen sich die Twitcher mit dem flüchtigen Anblick ihrer Lieblinge zufriedengeben. Kaum ist ein Exemplar gesichtet, wird die Art auf ihrer langen Liste abgehakt.
Ein El Dorado für Twitcher sind die der Rieselfelder bei Münster. Wo früher die Abwässer der Stadt gereinigt wurden, ist heute ein Vogelschutzgebiet von internationaler Bedeutung, in dem sich seltene Wat- und Wasservögel tummeln. Und genau deshalb laufen hier auch die Twitcher in Scharen herum. Um sich für das ungewöhnliche Naturschutzgebiet vor den Toren Münsters zu begeistern, muss man aber nicht zwangsläufig ein Hobby-Ornithologe sein. Auch jeder naturaffine Normalbürger wird seine Freude an Blaukehlchen, Odinshühnchen und Weißstörchen haben.

WO DER GESANG DER BLAUKEHLCHEN HUNDERTFACH ERKLINGT

Nirgendwo sonst in NRW haben Vogelfreunde so gute Chancen, das Blaukehlchen zu sehen wie in den Rieselfeldern. Und viele Besucher kommen von weit her, um die „Nachtigall des Nordens" zu hören. Den Spitznamen verdankt das Blaukehlchen seinem besonders melodiösen Gesang. Die zarten Tiere mit der auffälligen blauen Brust können aber auch wunderbar spotten und machen mit Inbrunst alles nach, was es Vogelstimmen in der Nähe gibt. In den Rieselfeldern finden das ganze Jahr über vogelkundliche Führungen statt und viele von ihnen werden von Manfred Röhlen begleitet. Der pensionierte Postbeamte ist ein Frühberufener. Als Kind am heimischen Niederrhein wurde er Zeuge des Balztanzes der Haubentaucher und ist seither von der Vogelwelt begeistert. Seit 30 Jahren führt

Beliebter „Konzertmeister": das Blaukehlchen

Bild folgende Doppelseite: Auch der Eisvogel lebt in den Rieselfeldern

er Besuchergruppen durch die Rieselfelder, die ihren Namen der „Verrieselung" städtischer Abwässer verdanken. Von 1901 bis 1975 wurde in der ehemaligen Heide das Abwasser biologisch gereinigt. Zurückgeblieben sind besonders nährstoffreiche Feuchtgebiete, die von oben betrachtet wie eine Seenplatte wirken. Um Ufer wächst Schilf – mehr als an jedem anderen Ort in NRW – und in ihm ertönt lautes Quaken aus tausenden Froschkehlen. Deren wachsender Bestand lockt seit einigen Jahren auch Störche an, die in den Rieselfeldern brüten.

ODE AN DAS ODINSHÜHNCHEN

Die Wasserflächen in den Rieselfeldern sind nur zwölf bis 18 Zentimeter tief und dieses Küstenähnliche Gebiet bietet Vögeln ideale Jagdbedingungen. Dank strategisch gut platzierter Aussichtspunkte können Besucher die Tiere perfekt beobachten – ohne sie zu stören. Und so sind beispielsweise Sichtungen des Odinshühnchens, das bei der Nahrungssuche mit Highspeed spektakulär im Wasser kreist, an der Tagesordnung. Die eleganten kleinen Tiere gehören eigentlich in den hohen Norden; fühlen sich aber auch in den Rieselfeldern sehr wohl. Manfred Röhlen

Vogelschutzgebiet von internationaler Bedeutung: die Rieselfelder

berichtet bei seinen Führungen ausführlich über den ungewöhnlichen Vogel, der gängige Geschlechterklischees auf den Kopf stellt. Denn das Weibchen ist hier das weit auffälligere Tier, während sich das unschein-

Schönheit im Flug: der Storch

bare Männchen hingebungsvoll um den Nachwuchs kümmert. Der Tageszeitung „taz" war dieses progressive Verhalten sogar eine „Ode an das Odinshühnchen" wert.

FÜHRUNGEN RUND UMS JAHR

Einmal im Monat finden in den Rieselfeldern kostenlose Führungen statt, die allerdings eher eine Einführung sind. Kostenpflichtige Spezial-Führungen zu unterschiedlichen Themen gibt es rund ums Jahr statt: April und Mai sind die Monate mit dem größten akustischen Gewinn. August und September können besonders viele Watvögel beobachtet werden und im Winter trifft man in den Rieselfeldern auf überwinternde Gänse. Das detaillierte Programm findet sich auf der Homepage der Biologischen Station.

› www.biostation-muenster.org

Mit kleiner Beute: der Steinkauz

Schönes NRW

INFORMATIONEN

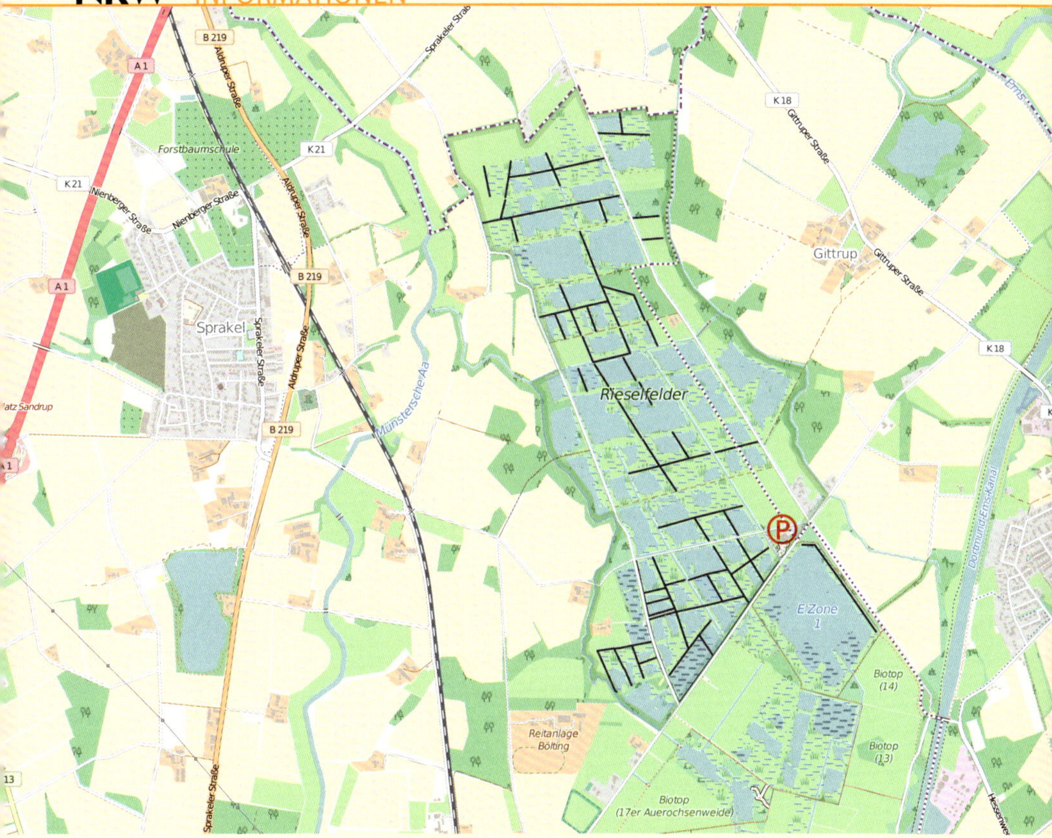

TREFFPUNKT:
i.d.R. an der Biologischen Station
Coermühle 181
48157 Münster

› DAUER:
ca. 2 Stunden

› PREIS:
Erwachsene zwischen 6,00–7,00 Euro,
Kinder 4,50 Euro

› HINWEISE:
die Teilnahme an den meisten Veranstaltungen ist erst nach telefonischer Anmeldung möglich.
Tel.: 0251/161760 (Anrufbeantworter)
Wer ein Fernglas hat, sollte es zu den Führungen mitnehmen.

„LANDSCHAFTSPFLEGER" IM EHEMALIGEN SCHMUGGLERPARADIES

HOCHLANDRINDER IM WITTE VENN

- schottische Hochlandrinder grasen im ehemaligen Schmugglerparadies
- grenzüberschreitendes Naturschutzgebiet mit großer Artenvielfalt
- unterhaltsame Führungen mit dem Wirt der „Haarmühle"

Mittlerweile gibt es an einigen Orten in NRW schottische Hochlandrinder zu sehen: etwa in den Lünener Lippeauen oder im Teutoburger Wald. Besonders spektakulär und altgedient sind die rund 50 schottischen Hochlandrinder, die bereits 1976 im grenzüberschreitenden Witte Venn angesiedelt wurden. Die „zotteligen Landschaftspfleger", wie sie liebevoll genannt werden, erfreuen sich auf beiden Seiten der Grenze großer Beliebtheit. Sie selbst fühlen sich aber offenbar auf niederländischem Gebiet wohler, denn da halten sie sich die meiste Zeit auf. Aber natürlich kommen sie gelegentlich auch ins Münsterland rüber. Und so stehen ahnungslose Spaziergänger nicht selten unvermittelt vor den imposanten Tieren und müssen erst einmal schlucken: Denn die Hochlandrinder haben mächtige Hörner und können bis zu 130 cm groß werden. Würde man ihnen das Fell abrasieren, kämen darunter allerdings schmächtige Tierchen zum Vorschein. Und zudem sind die Wiederkäuer ausgesprochen friedlich und mit ihrem dichten Pony, der ihnen über die Augen hängt, sehr niedlich anzusehen. Insbesondere die Kälber versetzen Besucher regelmäßig in Entzücken.

GENAUSO SCHÖN WIE NÜTZLICH

Durch ihr dickes, zotteliges Fell kommen die Rinder sehr gut mit kalten Temperaturen zurecht – was bei ihrer Herkunft auch kaum verwundert. Beheimatet sind die Tiere nämlich in den westlichen Highlands und den

Zotteliger Zeitgenosse: schottisches Hochlandrind

vorgelagerten Hebriden-Inseln. Wer schon einmal Urlaub in Schottland gemacht hat, kann sich ungefähr vorstellen, welchen Unwettern die Rinder dort im Herbst und Winter ausgesetzt sind. Dagegen muss ihnen das Münsterland als Südsee erscheinen. Hier verrichten sie rund ums Jahr ihren Landschaftspflege-Job. Da die Tiere wenig wählerisch sind, kommen sie mit den armen Böden des Witte Venns bestens zurecht. Auch das unwegsame Gelände macht ihnen keine Schwierigkeiten. Vielmehr vermischen sie mit ihren Hufen das Erdreich, was für die Ansiedlung von Pflanzen wichtig ist. Und so sind die Hochlandrinder Teil eines ehrgeizigen Programms, das den Namen „Reine Natur" trägt. Beide Eigentümer – eine holländische Stiftung, der das größere Gebiet gehört, und die Stadt Borken, die zusammen mit dem Land NRW den kleineren südlichen Bereich besitzt – arbeiten eng zusammen, um die große Artenvielfalt im Moor zu bewahren bzw. wieder herzustellen. Und wer das Gebiet heute besucht,

Bild folgende Doppelseite: Die schottischen Hochlandrinder werden zur Pflege von Heide-, Moor- und Grünlandflächen eingesetzt

wird schnell feststellen, wie erfolgreich die Bemühungen sind. Etwa, wenn man das sehr seltene Wollgras betrachtet. Die Pflanze erinnert an Wattebäusche und ziert im Venn ganze Wiesen. Spannend ist auch der fleischfressende Sonnentau, der sich Insekten einverleibt. Seltene Schmetterlinge und Libellen umschwirren die blühenden Pflanzen. Und an lauen Frühlingsabenden ertönt ein nahezu ohrenbetäubendes Froschkonzert – so zahlreich sind die Amphibien mittlerweile im Moorgebiet.

Clemens August Brüggemann bietet auch Touren mit Elektrofahrzeugendurch das weitläufige Gebiet an

KAFFEE SCHMUGGELNDE DACKEL

Die Hochlandrinder, und auch die weniger augenfälligen Venn-Bewohner, können Besucher bei unterschiedlichen Führungen kennenlernen.

Dabei geht es auch um die Geschichte der abgelegenen Region. Nach dem Zweiten Weltkrieg war das Witte Venn nämlich eine beliebte Schmugglerregion. Kaffee, Schnaps, aber auch lebende Tiere wurden an den Zöllnern vorbei über die Grenze gebracht. Dabei überboten sich Schmuggler und Grenzbeamte gegenseitig an Einfallsreichtum, so dass das gesetzeswidrige Verhalten bald den Charakter einer Posse bekam, etwa wenn Dackel zum Schmuggeln eingesetzt wurden. Den armen Tieren wurde dann ein Paket Kaffee auf den Rücken gebunden und die Aussicht auf ein Stück Wurst ließ sie durchs Unterholz auf die andere Seite der Grenze flitzen. Uneinholbar für jeden Grenzer. Heute finden im Venn geführte Wanderungen statt, bei denen die Teilnehmer mit allerlei unterhaltsamen Schmuggler-Geschichten früherer Tage unterhalten werden.

Spaziergänger und Radfahrer teilen sich die Wanderwege mit den friedlichen Rindern

STIERE, BEI DENEN DIE LIBIDO VERSAGT

Die Haarmühle ist Start und Ziel vieler Exkursionen im Venn und zugleich ein beliebtes Ausflugslokal. Bei prasselndem Kaminfeuer kann man hier selbstgebackenes Brot und auch viele regionale Gerichte des Münsterlandes probieren. Der Wirt der Haarmühle, Clemens August Brüggemann, bietet zudem „Wanderungen mit Begleitung" an. Der Gastronom ist ein echter Entertainer und unterhält seine Gruppen mit allerlei Geschichten aus der Schmugglerzeit. Kurzfristig war Clemens August Brüggemann auch Besitzer der Herde im Venn. Was sich aber schnell als Mammut-Aufgabe erwies. Denn auch wenn die Tiere im Venn ganzjährig sich selbst überlassen sind, tauchen doch immer wieder unerwartete Probleme auf. So etwa ein Stier, der partout nicht „performen" wollte. Die vielen Ochsen in der kleinen Herde hatten das Tier derart irritiert, dass seine Libido völlig versagte. Mittlerweile ist aber auch dieses Problem behoben und es können regelmäßig Kälbchen in dem 200 Hektar großen Areal bewundert werden.

› www.haarmuehle.de

Hochlandrinder voraus!

Schönes NRW INFORMATIONEN

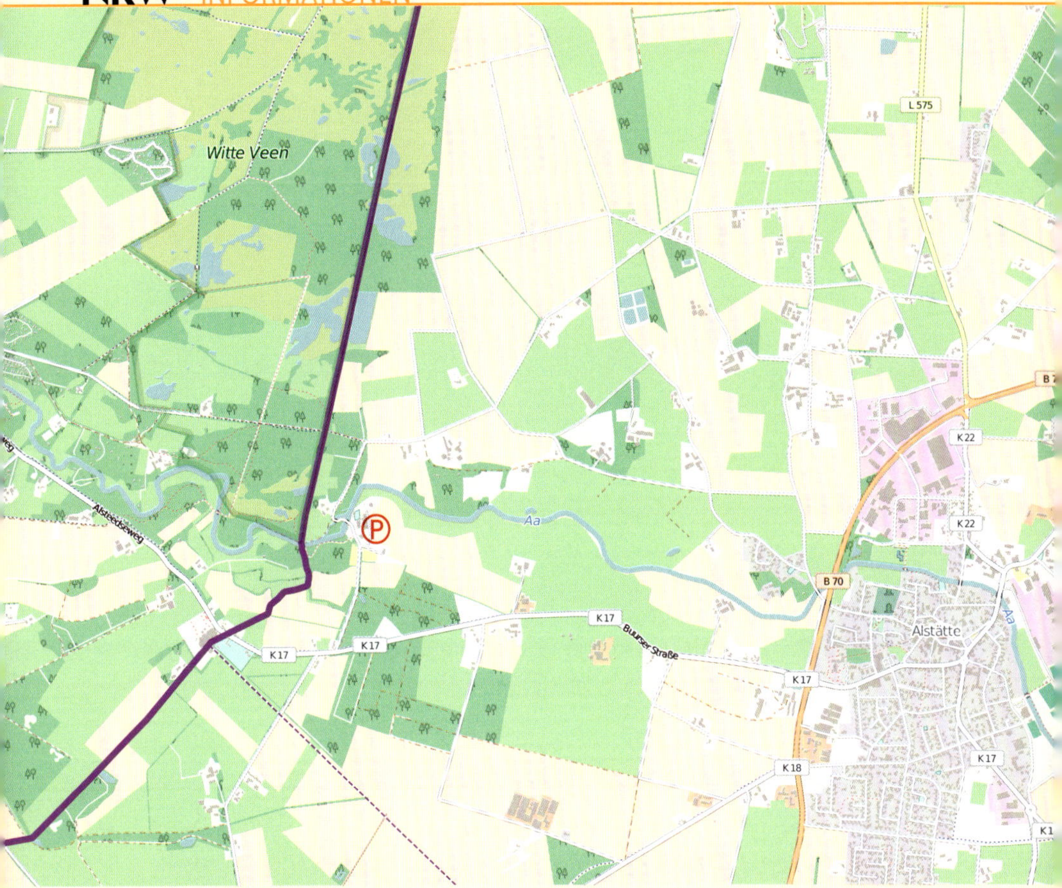

TREFFPUNKT:
Landgasthof Haarmühle
Beßlinghook 57
48683 Ahaus-Alstätte
Tel.: 02567/93190
info@haarmuehle.de

› **DAUER:**
2-3 Stunden

› **PREIS:**
120 Euro pro Gruppe, nach Anmeldung.
Künftig werden auch feste Termine für individuelle Teilnehmer angeboten.

› **HINWEIS:**
Hunde gehören in dem 330 Hektar großen Gehege angeleint, um Konfrontationen mit den Hochlandrindern zu vermeiden.

MULTI-KULTI IM ZWILLBROCKER VENN

FASZINATION FLAMINGOS

- die nördlichste Flamingo-Kolonie der Welt
- drei verschiedene Arten, die sich im Münsterland erfolgreich vermehren
- sonntägliche Führungen während der Flamingo-Saison

In allen Schattierungen zwischen weiß und rosa schillert ihr Federkleid. Elegant verlagern sie ihr Gewicht von einem Fuß auf den anderen und schauen dabei gelassen in die Gegend – die Flamingos im Zwillbrocker Venn sind auch Jahrzehnte nach ihrem ersten Auftauchen im Münsterland immer noch ein ungewohnter Anblick. Verortet man die eleganten Tiere doch in ganz anderen Teilen der Welt. Aber tatsächlich fühlen sich die Flamingos in NRW so wohl, dass sie sich stetig vermehren und seit 1985 auch erfolgreich Jungtiere aufziehen. Wo die Tiere genau herstammen, konnte dabei nicht abschließend geklärt werden. Vermutlich sind sie bei Züchtern und privaten Haltern ausgebüxt, da die Flamingos im Zoo dauerhaft flugunfähig gemacht werden. Auch eine südeuropäische Herkunft ist in einigen Fällen denkbar. Letztlich ist es aber völlig unerheblich, woher die schillernden Vögel stammen; sie sind ein faszinierender Anblick und längst eine feste Institution im Zwillbrocker Venn.

Überraschender Bewohner des Münsterlandes: der Kubaflamingo

Bild folgende Doppelseite: Chileflamingos stolzieren durchs Wasser

SCHÖNE SOMMERGÄSTE IM MÜNSTERLAND

Die Flamingos treffen im Frühjahr nach und nach im Zwillbrocker Venn ein. Die Milde beziehungsweise Härte der Winter entscheidet darüber, wer zuerst im gemeinsamen Sommerdomizil auftaucht. Die Kolonie ist ein schönes Beispiel für gelebtes Multi-Kulti. Denn die NRW-Neubürger gehören zu drei unterschiedlichen Arten: Karibischer Flamingo, Großer Flamingo und Chileflamingo. Die Sympathie geht dabei so weit, dass ge-

meinsame Balztänze aufgeführt werden und gelegentlich auch ein Großer Flamingo mit einem Karibischen ins Bett bzw. Nest steigt. Das Ergebnis sind Hybriden, die als Erwachsene wieder im Venn auftauchen. Generell kehrt der Nachwuchs gerne zurück. Und in einigen Fällen – alle Tiere sind beringt – konnte sogar nachgewiesen werden, dass bereits die zweite Generation erfolgreich bei uns brütet und auch von der dritten nehmen Experten es an.

Dass die Flamingos sich im Münsterland so erfolgreich fortpflanzen, hängt mit dem üppigen Nahrungsangebot vor Ort zusammen. Im Venn gibt es nämlich auch eine große Lachmöwenkolonie – insgesamt rund 5.000 Tiere – und die koten ordentlich ins Wasser, was zu einem riesigen Planktonaufkommen führt. Und Plankton, also Kleinstlebewesen, sind die wichtigste Nahrungsquelle der Flamingos. Bei einem so reichhaltig

Die Flamingogruppe trotzt auch rauem Wind

gedeckten Tisch bleibt den Tieren viel Zeit für die schönen Dinge des Lebens und entsprechend viele Flamingo-Küken schlüpfen im Venn.

GEHEIMNISVOLLE VENN-GESCHICHTEN AM SONNTAG

Wer mehr über das 185 Hektar große Zwillbrocker Venn und seine gefiederten Bewohner erfahren will, kann sich geführten Touren anschließen. Jeden Sonntag während der Flamingo-Saison begleitet ein Ranger Besucher über verschlungene Pfade durch das Naturschutzgebiet und zu einer Aussichtskanzel, die nur bei den Führungen betreten werden darf. Dadurch ermöglichen sich besonders spannende Ein- und Ausblicke auf die Flamingos, aber auch auf die riesigen Kolonien der Lach- und Schwarzkopfmöwen, die schon von weitem zu hören sind. Zwischen den lärmenden Möwen tummeln sich Grau- und Nilgänse, Höckerschwäne und Reiherenten. Doch nicht nur die ungewöhnliche Fauna lohnt den Besuch im Naturreservat. Die Flora ist mindestens genauso spannend. Besonders beliebt – zumindest aus der Ferne – sind fleischfressende Orchideen. Es gibt im Venn eine große Orchideenwiese, die besonders im Spätfrühling den Besuch lohnt, weil hier dann tausende Orchideen blühen.

› www.bszwillbrock.de

EXTRATIPP: DER FLAMINGO-FRÜHLING

Der Beginn der Flamingo-Saison im April wird jedes Jahr im Venn mit einem großen Fest gefeiert. Verschiedene Mitmachaktionen richten sich dabei besonders an Familien mit Kindern. Diese begeistern sich erfahrungsgemäß besonders für die Flamingos und stellen unzählige Fragen zu den Vögeln, die von den Mitarbeitern der Biologischen Station geduldig beantwortet werden. Termin ist immer der letzte Sonntag im April.

Flamingos legen stets nur ein einziges Ei, die Brutphase dauert etwa vier Wochen

Schönes **NRW** INFORMATIONEN

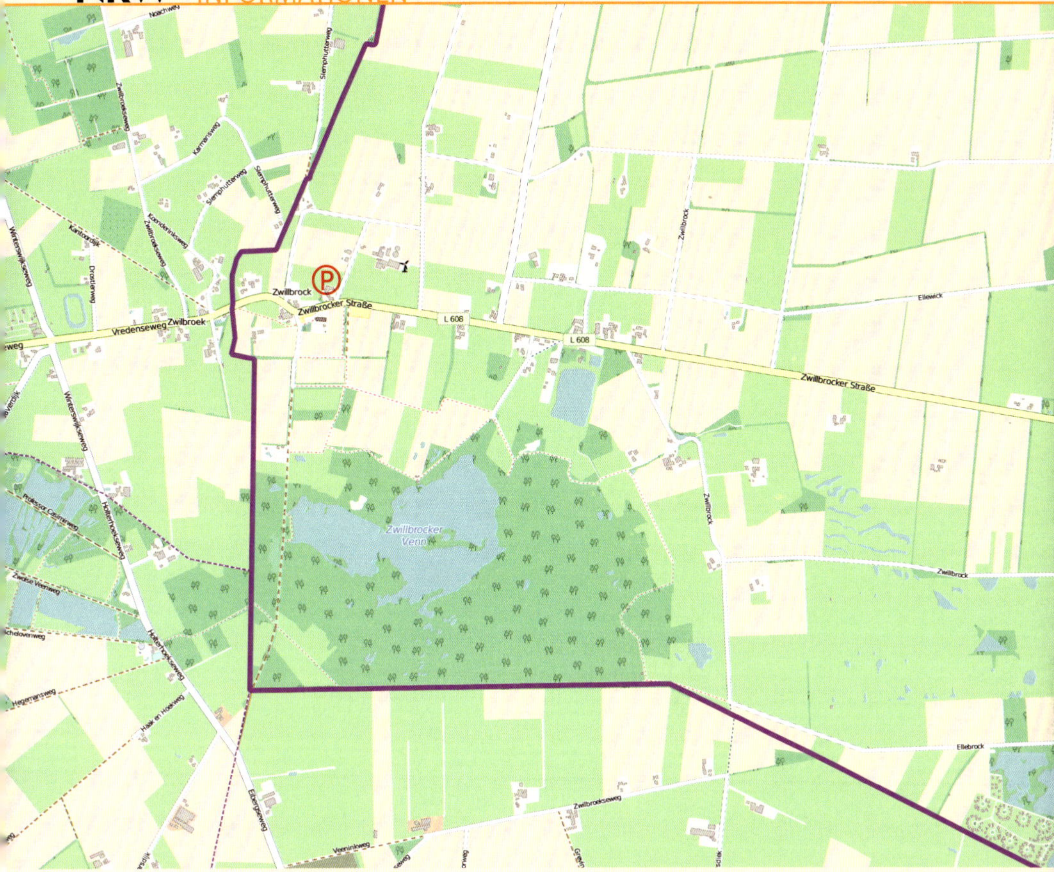

ORT:

Biologische Station Zwillbrock
Zwillbrock 10
48691 Vreden
Tel.: 02564/9860-0
info@bszwillbrock.de

› DAUER:

ca. 1,5 Stunden

› ANMELDUNG:

nicht erforderlich

› PREIS:

Erwachsene 10,00 Euro, Kinder 8,00 Euro

› ZUSATZINFO:

Ferngläser und festes Schuhwerk sollten mitgebracht werden

VON DER TUNDRA AN DEN NIEDERRHEIN

WILDGÄNSE AUF DER BISLICHER INSEL

- im „Gänsemarsch" zu den Wildgänsen
- neue Fuß-Exkursion durch die Auenlandschaft der Bislicher Insel
- Einkehr und Ausstellung im Infozentrum

Dass viele Zugvögel mittlerweile in NRW überwintern, ist bekannt. So fühlen sich sibirische Wildgänse am Niederrhein besonders wohl. Bei Busexkursionen konnten Besucher die weit gereisten Tiere schon länger beobachten. Seit Januar 2016 werden auf der Bislicher Insel bei Xanten auch Führungen zu Fuß angeboten. Dabei spazieren die Teilnehmer „im Gänsemarsch" durch eine der letzten Auenlandschaften Deutschlands und erleben das Naturschauspiel der in Formation anfliegenden Wildgänse aus nächster Nähe.

MÄRCHENHAFTE FLUSSLANDSCHAFT, VON GÄNSEN BEVÖLKERT

Sattgrüne Wiesen, die von Kopfweiden gesäumt werden. In ihrer Mitte liegen kleine Seen, die vor lauter Gänsen fast schwarz sind. Und von überallher ertönt ein vielstimmiges Geschnatter. Die Bislicher Insel bei Xanten ist ein ganz besonderer Ort, denn hier ist die ursprüngliche Fauna und Flora der Auenlandschaft noch weitgehend intakt. Auen sind Überschwemmungsgebiete, die sich durch eine besonders große Artenvielfalt auszeichnen. Am linken Niederrhein zwischen Xanten und Wesel gelegen, ist das 1.200 Hektar große Naturschutzgebiet der Bislicher Insel deshalb ein wichtiges Refugium für Zugvögel. Dass sich die arktischen Wildgänse hier besonders wohlfühlen, liegt an den großen Weideflächen und zahlreichen Gewässern. Geschützt vor Füchsen verbringen die Tiere

auf ihnen die Nächte. Winter für Winter wissen mittlerweile gut 25.000 Gänse diese Annehmlichkeiten zu schätzen.

Die Wildgänse schätzen die Bislicher Insel auch wegen der vielen Gewässer, die ihnen Schutz vor Füchsen bieten

Bei den neuen Fuß-Führungen bekommen Besucher einen intensiven Einblick ins Gänseleben – geleitet werden die Exkursionen von Niederrhein-Guide Andrea Schulze. Ausgestattet mit Ferngläsern marschiert die Gruppe vom Infozentrum der Bislicher Insel zu den besten Aussichtspunkten. Dabei achtet die Expertin stets darauf, dass ein Sicherheitsabstand zu den Vögeln gewahrt wird. Denn jeder erneute Start kostet die erschöpften Tiere viel Kraft.

KURIOSE GÄNSE-FAKTEN

Dank der richtigen Justierung der Ferngläser wird die Gänseschau dann zum Erlebnis. Denn die Teilnehmer können die Tiere beim Baden und

Bild folgende Doppelseite: Gänseschwarm im Anflug auf die Bislicher Insel

Putzen beobachten. Die meiste Zeit geht allerdings fürs Futtern drauf: Um ausreichend Energie zu bekommen, müssen Gänse täglich ein Drittel ihres Körpergewichtes fressen. Bei einem Gewicht von drei Kilo – was eine Graugans locker auf die Waage bringt – müssen die Tiere also fast ein Kilo Gras am Tag vertilgen. Ein langwieriges, aber notwendiges Geschäft. Denn zum Fliegen benötigen die Tiere unglaublich viel Kraft, denn sie sind mit 60 km/h unterwegs. Bei diesem hohen Tempo zücken die Exkursionsteilnehmer eilig ihre Kameras, wenn wieder eine neue Gänsegruppe im Anflug auf die Bislicher Insel ist. Denn jeder Teilnehmer möchte natürlich ein Bild vom Formationsflug mit nach Hause nehmen. Gänse, so erfahren die Besucher, fliegen grundsätzlich in V-Formation oder als Eins am Himmel. Dadurch lassen sie sich auch auf Distanz von anderen Zugvögeln unterscheiden.

GRAUE FELDGÄNSE UND VERIRRTE MEERESGÄNSE

Auf der Bislicher Insel überwintern überwiegend Blässgänse. Sie verlassen bereits Ende August ihre Brutplätze in der Tundra und erreichen drei Monate später den Niederrhein. Zu den Blässgänsen gesellen sich Saat- und Graugänse. Alle Drei haben ein graues Federkleid. Was es für Laien nicht einfach macht, sie zu unterscheiden. Hier und da bewegt sich aber auch etwas Schwarz-Weißes zwischen all dem Grau. Das ist dann in der Regel eine Weißwangengans. Sie hat einen schwarzen Hals und ein weißes Gesicht und gehört zur Gruppe der Meeresgänse. Wie der Name es vermuten lässt, sollte sie sich eigentlich am Meer aufhalten. Und als sie sich aus dem kalten Norden auf den langen Weg in südlichere Gefilde machte, hatte sie vermutlich auch die Ostsee im Sinn. Doch irgendwie ist der Weißwangengans die ursprüngliche Reisegruppe verloren gegangen und sie hat sich kurzentschlossen einer anderen angeschlossen.

Denn für Zugvögel ist der Verband entscheidend. Und so kann es passieren, dass allein reisende Tiere unterwegs einfach irgendeiner größeren Gruppe hinterher fliegen – ganz so, wie sich Menschen früher in der Wüste Karawanen angeschlossen haben. Dadurch kommen Gänse an den Niederrhein, die ursprünglich ganz andere Reisepläne hatten. Wenn

Bild folgende Seite:
Dank der Ferngläser lassen sich bei den Exkursionen faszinierende Beobachtungen machen

Bild folgende Doppelseite:
Herrliche Aussichten in einer typisch niederrheinischen Landschaft: die Bislicher Insel

Bis zu 25.000 arktische Gänse beziehen auf der Bislicher Insel ihr Winterquartier

sie dann die Schönheiten NRWs einmal kennen und schätzen gelernt haben, kommen sie aller Wahrscheinlichkeit nach wieder.

› www.naturforum-bislicher-insel.de

EXTRATIPP: Auch an anderer Stelle sind am Niederrhein spektakuläre Gänsebeobachtungen möglich. So veranstaltet der NABU Bustouren durch die Düffel – ein Naturschutzgebiet im deutsch-niederländischen Grenzgebiet. Die Tour führt durch kleine Dörfer und bizarr anmutende Pappelalleen. Unterwegs sieht man freilaufende Schweine und kreisende Greifvögel. Die Mitarbeiter des NABU begleiten die Fahrt und liefern jede Menge Hintergrundinformationen zu Geographie und Geschichte der Region.

› www.nabu-naturschutzstation.de

Schönes NRW

INFORMATIONEN

ORT:
Die Fußexkursionen starten am Naturforum Bislicher Insel, Bislicher Insel 11, 46509 Xanten, das auch die Anmeldungen entgegennimmt. Tel.: 02801/988230 oder naturforumbislicherinsel@rvr-online.de.

› DAUER:
ca. 1 Stunde, Anmeldung erforderlich

› PREIS:
Erwachsene 8,00 Euro; begleitete Kinder sind kostenfrei

› ZUSATZINFOS:
In der Dauerausstellung des Infozentrums gibt es viel Wissenswertes rund um die Auen und Gänse zu erfahren. Zudem befindet sich ein kleines, gemütliches Café auf dem Grundstück, das sich für eine Einkehr nach der Exkursion anbietet.

RÜCKZÜCHTUNGEN EISZEITLICHER TIERE IM NEANDERTAL

TARPANE UND AUEROCHSEN

- Auerochsen und Tarpane – spannende Rückzüchtungen eiszeitlicher Tiere
- eine der Lieblingsspeisen des Neandertalers
- idyllisches Naturschutzgebiet mit Auen und Buchenwäldern

Das Neandertal ist den meisten Nordrhein-Westfalen ein Begriff, aber vermutlich nicht im Zusammenhang mit „wilden" Tieren. Dabei leben in dem eiszeitlichen Wildgehege des Tales drei Tierarten, hinter denen schon der Neandertaler herjagte: Tarpane, Auerochsen und Wisente. Wobei die Bezeichnungen wissenschaftlich nicht ganz korrekt sind. Bis auf die Wisente, von denen ja tatsächlich eine kleine Population überlebt hat, sind die Tiere Rückzüchtungen. Der Auerochse ist bereits im 17. Jahrhundert ausgestorben und der letzte Tarpan soll 1876 geschossen worden sein. Dass Besucher sich heute am Anblick der robusten Tiere erfreuen können, ist zwei engagierten Zoologen zu verdanken.

IDYLLE BEI DÜSSELDORF

Unweit der Landeshauptstadt liegt das Neandertal und in ihm das eiszeitliche Wildgehege: ein ca. 40 Hektar großes Areal, durch das sich die Düssel schlängelt. Der Bach folgt weitgehend seinem natürlichen Verlauf durch ursprüngliche Auen und dichte Buchenwälder. Das Naturschutzgebiet bietet den Menschen Erholung und den Tieren Rückzugsmöglichkeiten. So gibt es auch keine Garantie, alle drei Tierarten während eines Spazierganges durch das Tal zu sehen. Am wahrscheinlichsten ist noch die Sichtung der Wisente – zwei ältere „Damen", die oft friedlich grasend auf einer Anhöhe anzutreffen sind. Wildpferde und Heckrinder, so die korrekten Namen der Rückzüchtungen, scheinen weniger ortsgebunden

zu sein. Umso schöner ist der Anblick, wenn die robusten Tiere angetrabt kommen.

Rückzüchtungen: Die heutigen Wildpferde gehen auf Wald- und Steppentarpane zurück

AMBITIONIERTES ZUCHTPROGRAMM

Natürlich sind weder die Heckrinder noch die Wildpferde eine originalgetreue Kopie der ausgerotteten Tiere, denn einmal verlorengegangenes Erbgut kann natürlich nicht identisch wiederhergestellt werden. Trotzdem ist das, was die Brüder Heck in den 1920er Jahren begonnen haben, beachtlich. Heinz und Lutz Heck waren beide Zoodirektoren. Der eine in Berlin, der andere in München. Sie machten es zu ihrer Lebensaufgabe, die alten Rassen „wiederauferstehen" zu lassen: durch Kreuzungen heutiger Rinderrassen, die alle vom ursprünglichen Auerochsen abstammen, entstand über die Jahre ein besonders robustes Rind. Auch

Bild folgende Doppelseite: Auch Wisente sind im Neandertal anzutreffen.

wenn es nicht ganz die Größe des urzeitlichen Viechs erreicht, gleicht es ihm doch sehr. Denn die Tiere haben einem wuchtigen Körperbau und mächtige Hörner: Der Stier ist schwarz, misst 1,80 Meter und bringt locker eine Tonne auf die Waage. Außerhalb des Zauns möchte ihm vermutlich kein Spaziergänger begegnen. Zumal bei den Rückzüchtungen darauf geachtet wird, nicht nur die Optik, sondern auch das Verhalten der wilden Auerochsen zu rekonstruieren. Einem verärgerten Heckrind sollte man also tunlichst aus dem Weg gehen. Aber natürlich ist das Areal abgetrennt und die Tiere, die regelmäßig mit Leckereien wie Eicheln und Kastanien zugefüttert werden, haben keinen Grund, verärgert zu sein.

HECKKÜHE SIND GELEGENTLICH KAMPFLUSTIG

Die Herde im Neandertal besteht aus etwa 40 Tieren und ist eine der ältesten in ganz Deutschland. Denn bereits die Nazis fanden die Idee der alten, kraftvollen Tierrassen toll und betrieben ein Gehege im Neandertal. Wofür die sympathischen Tiere natürlich nichts können. Besonders putzig sind die Kälber. Sie tragen einen wilden Haarbüschel auf dem Kopf,

Die Wildpferde haben ein Stockmaß von nur rund 120 Zentimetern

der einer Perücke gleicht. Und links und rechts davon wachsen winzige Hörner. Ihre Mütter haben ein rotbraun schimmerndes Fell und leben streng hierarchisch. Per Kopfstoß wird da schon mal klar gemacht, wer Anspruch auf den besseren Liege- oder Fressplatz hat. Ihren Namen hat die Rasse von den ambitionierten Brüdern, denen es zu verdanken ist, dass heute in Europa rund 4.000 der stattlichen Tiere leben.

WEHENDE MÄHNEN UND FESTE HUFE

Auch die heutigen Wildpferde, die auf die ausgerotteten Wald- und Steppentarpane zurückgehen, wurden von den beiden Zoologen gezüchtet. Auch wenn sie dabei ähnlich erfolgreich waren wie bei den Auerochsen, fehlt den Pferden ein typisches Merkmal: die Stehmähne der Tarpane. Tarpane lebten ursprünglich in den Waldgebieten Mittel- und den Steppen Osteuropas. Der zunehmende Ackerbau bedrohte schon früh ihren Lebensraum, zudem galten sie als Jagdwild. Dass wilde Tarpanhengste sich an domestizierte Stuten ranmachten, sorgte dann für ihre endgültige Ausrottung. Denn die Bauern wollten eine Vermischung der Rassen

Abkömmlinge des im 17. Jahrhundert ausgestorbenen Auerochsen: Heckrinder

verhindern. So wurde 1876 der letzte Tarpan lebend gesichtet. Durch Kreuzungen von Przwalskpferden mit isländischen und gotländischen Ponys entstanden die heutigen Wildpferde. Mit einem Stockmaß von rund 120 cm sind sie recht klein und dabei feinknochig. Typisch sind das mausgraue Fell, große Augen und kräftige Hufe, die, wie ihre Urahnen, ohne Hufeisen auskommen. Alle Zuchtprogramme, die die Arbeit der Heck-Brüder fortsetzen, achten heute darauf, dass durch eine kritische Auswahl der Tiere wieder möglichst viele ursprüngliche Merkmale vorkommen. Dadurch sind die kleinen Pferde sehr robust und wenig anfällig für Krankheiten.

EFFEKTIVER ALS JEDE MÄHMASCHINE

Bei Führungen durch das Neandertal erfahren Besucher viele Details über die eiszeitlichen Bewohner. Das besondere Interesse gibt dabei stets dem Jagdverhalten des Neandertalers. Und Betti Schubert schildert dann sehr anschaulich, wie vor Zehntausenden von Jahren der Neandertaler – womöglich genau an dieser Stelle – mit gezielten Speerwürfen einen Auerochsen erlegt hat. Die Museumspädagogin nimmt gelegentlich sogar einen Speer mit zu ihren Führungen und dazu Bilder, die frühe Höhlenmalereien zeigen. Auf ihnen sind Jagdszenen der Neandertaler zu sehen. Betti Schubert begleitet bereits seit 15 Jahren Gruppen zum eiszeitlichen Wildgehege und kann daher fast sämtliche Fragen beantworten. Viele drehen sich um das Wohl der Tiere. Gleich zu Beginn klärt sie deshalb über das Verhalten von Mutterkuh und Kalb auf, das so manchen Besucher verunsichert. Die Mütter lassen nämlich ihren Nachwuchs, der nicht selten aus Leibeskräften schreit, einfach mal links liegen. Dadurch sollen die Jungtiere animiert werden, aufzustehen und sich der Herde anzuschließen. Auch dass die Tiere besser als Mähmaschinen fungieren, erfahren die Teilnehmer auf den Touren und dass das Land NRW in den nächsten Jahren eine Erweiterung des Schutzgebietes plant. So dass im Tal künftig noch mehr Kälber und Fohlen durch den dichten Buchenwald und die ursprünglichen Düsselauen laufen werden.

› www.wildgehege-neandertal.de

Schönes NRW

INFORMATIONEN

Ⓟ **TREFFPUNKT:**

Am Museum
Talstraße 300
40822 Mettmann
Tel.: 02104/97970

› DAUER:

zwei Stunden, allerdings nur auf Anfrage

› PREIS:

71 Euro für die ganze Gruppe

WAHNER HEIDE: DAS ARTENREICHSTE NATURSCHUTZGEBIET IN NRW

IM REFUGIUM DER WILDBIENEN

- 100 verschiedene wilde Bienenarten
- bedeutendes Naturschutzgebiet unmittelbar am Flughafen Köln/Bonn
- Refugium für bedrohte Tier- und Pflanzenarten

Blühende Heidelandschaften wechseln sich mit dunklen Eichenwäldern ab. Weiß schimmernde Wanderdünen liegen neben schwarz glitzernden Mooren. Und plätschernde Bäche durchziehen alte Auenwälder. Nirgendwo sonst in NRW findet man auf so kleinem Raum so viele unterschiedliche Landschaften wie in der Wahner Heide, dem artenreichsten Naturschutzgebiet unseres Bundeslandes.

WO PANZER EINMAL TATSÄCHLICH VON NUTZEN WAREN

Dass die Wahner Heide heute so artenreich ist, ist letztlich dem Militär zu verdanken. Schon 1817 diente das Gelände den Preußen als Truppenübungsplatz. Dem preußischen Heer folgten die Wehrmacht, belgische Streitkräfte und die Bundeswehr. So seltsam es klingt: Die Panzer rollten zum Schutz der Natur, denn das Gelände durfte weder bebaut, noch betreten werden. Und so haben viele bedrohte Arten hier ein Refugium gefunden. Daran hat auch der unmittelbar benachbarte Flughafen Köln/Bonn nichts geändert. Über der Heide fliegen zwar die Flugzeuge in immer kürzeren Abständen, aber unten kriecht und krabbelt, wächst und gedeiht es weiterhin überall. Spaziergänger können die wild wuchernde Natur auf unterschiedlichen Rund- und Themenwanderwegen erleben. Im Infozentrum der Wahner Heide in Troisdorf-Altenrath erfahren sie Details über das touristische Angebot im Naturschutzgebiet.

HEIMAT BEDROHTER TIER- UND PFLANZENARTEN

Alle paar Kilometer wechselt in der Wahner Heide die Landschaft, es gibt Moore, Buchenwälder und Wiesen voller Orchideen. Wer den Blick auf den Boden richtet, entdeckt gedrungene Stierkäfer mit ihren auffälligen Hörnern oder emsige Waldameisen. 700 Tier- und Pflanzenarten, die auf der roten Liste stehen, konnten in dem Gebiet nachgewiesen werden – das ist mehr als irgendwo sonst in NRW. Sie näher kennenzulernen, ist das Ziel vieler Exkursionen. Ob Reptilien wie Kreuzkröten und Salamander, auffällige Libellen oder die mittlerweile sehr beliebten Fledermäuse – ganz unterschiedliche Tiere stehen im Mittelpunkt der Führungen. Eine der spannendsten Touren dreht sich um die Wildbienen in der Wahner Heide.

Ein pollenbeladenes Weibchen der Seidenbiene *Colletes cunicularius* auf dem Weg zu ihrem Nest im Sandboden. Der Pollen stammt ausschließlich von Weiden (*Salix*)

Bild nächste Seite:
Die Teilnehmer erfahren während der Führungen mit Inge Bischoff (o.r.)interessante Details, ob über die graue Auensandbiene (o.l.), die Seidenbiene (Mitte l.) oder die Frühlingswegwespe (u.l.)

Seidenbienenweibchen paaren sich wie viele Wildbienenarten nur einmal in ihrem Leben. Ein jungfräuliches Weibchen wird daher von vielen Männchen „begehrt". Sie bilden dadurch häufig ein sogenanntes Paarungsknäuel

NUR WEIBCHEN STECHEN ZU

Dass Bienen faszinierende Tiere sind, wird immer mehr Menschen bewusst, denen sie früher nur als willige Honiglieferanten galten. Und die große Artenvielfalt der Bienen wird sogar noch von ihrem facettenreichen Sozialverhalten übertroffen. Über beides erfahren Teilnehmer Erstaunliches während der Führungen. Geleitet werden sie von der promovierten Zoologin Dr. Inge Bischoff. Bereits ihre Promotion hatte den schönen Titel: „Populationsdynamik, Sammelstrategie und Nisthabitatwahl ausgewählter Wildbienen in der Wahner Heide".

In der Heide leben in den warmen Monaten rund 100 verschiedene Wildbienenarten – bevorzugt allein. Denn, wo es keinen Staat zu verteidigen gibt, ziehen Bienen ein individuelles Leben vor. Und wer bisher glaubte,

dass wilde Bienen aggressiver als domestizierte Honigbienen sind, wird von der Expertin schnell eines Besseren belehrt. Denn die wildlebenden Verwandten sind äußerst friedfertig. Und wenn doch mal eine in höchster Not zusticht, ist das in der Regel ein Weibchen. Diese Umkehrung gängiger Geschlechterklischees bringt manche Teilnehmer zum Schmunzeln. Aufgrund ihrer Spezialisierung auf eine bestimmte Pflanzengruppe sind viele wildlebende Bienenarten allerdings in ihrem Bestand gefährdet, denn sie ernähren sich ausschließlich von den Pollen und dem Nektar ebendieser speziellen Pflanzen. Sind diese dann mit Pestiziden belastet, kommt es zu einem großen Sterben. Was wiederum Auswirkungen auf den Menschen hat. Denn die große Mehrzahl unserer Nutzpflanzen wird von Bienen bestäubt: 75 Prozent aller unserer Nahrungspflanzen werden von Bienen bestäubt, wie die Expertin erklärt. Je weniger Bienen es gibt, desto schlechter die Ernte z.B. bei Obstbäumen – eine simple Gleichung.

DER WILDE SEX DER SEIDENBIENEN

Neben diesen Fakten bietet die Führung auch viele amüsante Aspekte. Etwa das turbulente Paarungsverhalten der Seidenbienen. Deren Weibchen paaren sich nur ein einziges Mal und wehren danach alle Kopulationsversuche ab. Entsprechend wild geht es zu, wenn sich mehrere Männchen um ein noch jungfräuliches Weibchen bemühen. Nicht selten stürzen sich 30 männliche Tiere auf das Objekt ihrer Begierde. So entstehen ganze Knäule, die über den Boden rollen. Das kluge Weibchen hat sich dann aber schon längst davon gemacht ...

Inge Bischoff veranstaltet zwei Führungen im Jahr. Eine findet im April statt und geht zum Fliegenberg. Treffpunkt ist um 11:00 Uhr an der Burg Wissem in Troisdorf (Heideportal). Die andere Exkursion ist im August und geht in den Geisterbusch. Treffpunkt um 10:30 Uhr am Heideportal „Am Turmhof". Details und genaue Termine gibt es auf der Homepage.

› www.wahnerheide.net

Schönes **NRW** INFORMATIONEN

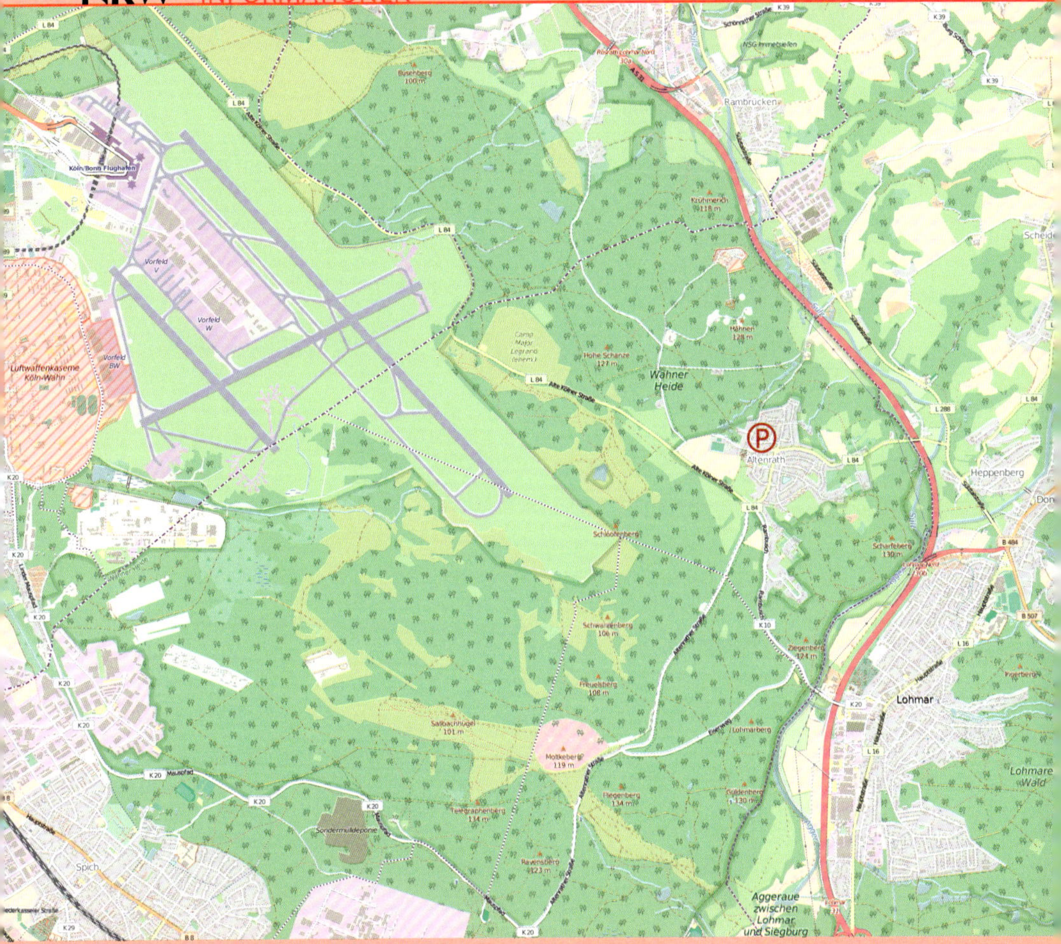

Ⓟ **ORT:**
Infozentrum der Wahner Heide
Flughafenstraße 33
53842 Troisdorf-Altenrath

› **DAUER:**
ca. 3 Stunden

› **ANMELDUNG:**
Anmeldung über das Bündnis Heidestraße
Tel.: 02205/9477803
info@heideterrasse.net

› **PREIS:**
Erwachsene 5,00 Euro, Kinder sind frei

AM NEFFELSEE IN DER ZÜLPICHER BÖRDE

ELDORADO FÜR FLEDERMÄUSE

- spannende Fledermausbegegnungen am See
- verlässliches Aufspüren der Tiere mit dem „Bat-Detektor“
- kostenlose NABU-Führungen durch das Naturschutzgebiet

Es knarrt, rattert und piept – das kleine, schwarze Gerät, das Ralf Wilke zur Fledermaus-Führung mitbringt. Der „Bat-Detektor“ stößt bei den Teilnehmern der NABU-Führung sofort auf großes Interesse. Macht er doch die Ultraschallrufe der Fledermäuse für das menschliche Ohr hörbar. Und je lauter die Geräusche werden, desto näher sind die Tiere. Aufgeregt zeigen die Teilnehmer in den nächtlichen Himmel und einander ihre Entdeckungen: Abendsegler, Zwerg- und Mückenfledermaus. Die ersten Tiere haben ihre Quartiere verlassen, flitzen über die Baumwipfel und jagen dicht an der Wasseroberfläche. Im Schein der mitgebrachten Taschenlampen sind sie perfekt zu sehen. Auch dank des Vollmondes, der gerade am Firmament steht. Und als dann noch eine große Fledermaus vor dem strahlenden Himmelskörper auftaucht, ist die Begeisterung groß.

FLEDERMAUS-PARADIES IM RENATURIERTEN BRAUNKOHLEGEBIET

Der Neffelsee in der Zülpicher Börde ist ein „Tagebaurestloch“ und ein Eldorado für Fledermäuse. Bietet das seit 1979 bestehende Naturschutzgebiet doch ideale Bedingungen für die Tiere: hohe Bäume, viel Wasser und eine große Artenvielfalt – sogar der stark gefährdete Feldhamster kommt in der Region noch vor. Für Fledermäuse ist diese abwechslungsreiche Landschaftsstruktur überlebenswichtig. Auf ebenen Flächen, die weder Erhebungen noch Vertiefungen kennen, wird man sie nicht finden. Am Neffelsee hingegen leben viele verschiedene Arten mit jeweils zahlreichen Individuen. Das erklärt Ralf Wilke gleich zu Beginn seiner Führung. Er ist Vorsitzender der NABU-Ortsgruppe Euskirchen und engagiert sich ehrenamtlich für den Schutz der heimischen Fledermäuse. So wird auf den Führungen stets thematisiert, was Menschen tun können, um den Tieren zu helfen. Insbesondere das Angebot von Quartieren spielt dabei eine große Rolle. Die finden Fledermäuse beispielsweise in alten Gemäuern, Scheunen und Wirtschaftsräumen. Im Sommer nutzen die Tiere aber auch die Dachböden und Keller unserer Häuser. Aus Angst oder Unkenntnis werden sie hier aber häufig vertrieben. Deshalb hat der

Bild folgende Doppelseite: Schönheit liegt im Auge des Betrachters – bei keiner anderen Tierführung verzeichnet der NABU so viele Teilnehmer wie bei den Fledermausexkursionen

Fliegendes Mausohr

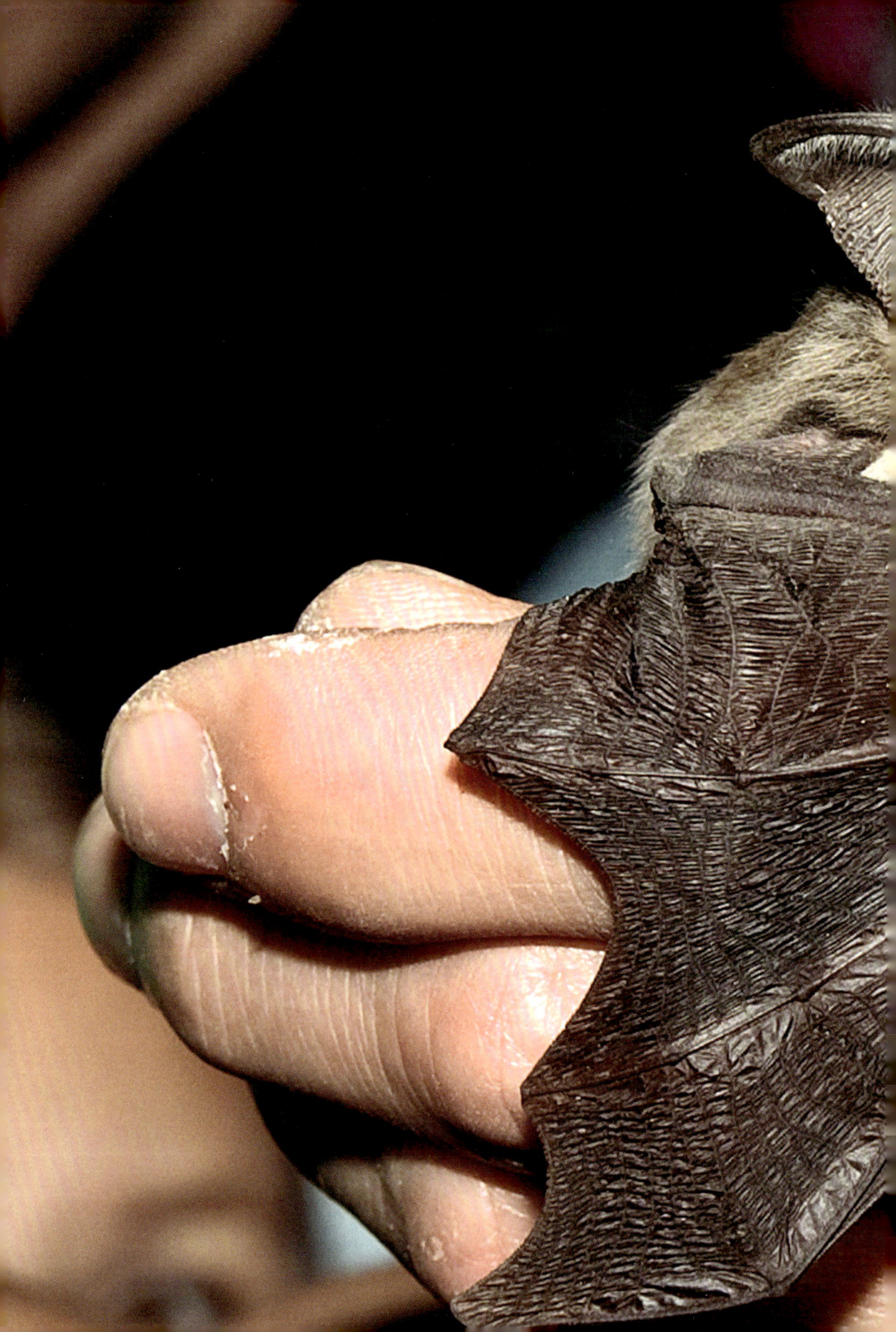

NABU zusammen mit dem Land NRW das Projekt „Fledermaus freundliches Haus" gestartet. Menschen, die Fledermäusen ein dauerhaftes, sicheres Zuhause bieten, werden mit einer Urkunde ausgezeichnet.

SPANNENDE EINBLICKE INS LEBEN DER FLEDERMÄUSE

Bei den Führungen sind auch stets einige Kinder dabei. Und deren besonderes Interesse gilt stets der Vampirfledermaus. Ralf Wilke erklärt dann das spektakuläre Jagdverhalten der Tiere. Sie ritzen die Haut ihrer Beutetiere auf und trinken das hervorquellende Blut. Gerinnungshemmende Substanzen im Speichel der Vampirfledermaus sorgen dafür, dass es üppig fließt. Und solange die Wunde offen ist, suchen die Vampire das Tier gleich mehrfach auf. Dass die blutdürstige Fledermaus ausschließlich in Amerika vorkommt, beruhigt und enttäuscht die jüngeren Teilnehmer zugleich. Aber auch aus dem Leben der heimischen Arten gibt es Spannendes zu berichten, etwa dass Fledermausjunge in großen Wochenstuben von ihren Müttern aufgezogen werden. Die Männchen halten sich derweil in separaten Junggesellenbehausungen auf. Was beide Geschlechter eint, ist ein stark ausgeprägtes Sozialleben: Sie wärmen einander und betreiben gegenseitige Fellpflege. Auch Freundschaften haben bei den Tieren einen hohen Stellenwert und halten häufig ein Leben lang. Und so ein Fledermausleben kann schon einmal 25 Jahre betragen. Denn je weniger Junge ein Tier bekommt, desto höher ist in der Regel die Lebenserwartung. Und Fledermausweibchen haben mit ein bis zwei Jungen nur eine geringe Reproduktionsrate.

ES BRAUCHT EIN GUTES OHR – ODER EINE NEUE APP

Im Großraum Eifel leben 20-25 Fledermausarten. Welche genau gerade über die Köpfe der Teilnehmer fliegt, ist aufgrund der hohen Geschwindigkeit – ein Abendsegler ist mit Tempo 50 unterwegs – und der Dunkelheit auch für Experten schwierig zu bestimmen. Zumal die Tiere in unterschiedlichen Situationen unterschiedliche Rufe ausstoßen. Je nachdem, ob sie gerade suchen, jagen oder mit Artgenossen kommunizieren. Fledermäuse führen nämlich auch Unterhaltungen. Einen Hin-

Breitflügelfledermaus (o.l.), Fransenfledermaus (o.r.), Beginn der Dämmerung über dem Neffelsee (Mitte), Großes Mausohr (u.l.), Mausohrwochenstube (u.r.)

Auf Fledermaus-Entdeckungstour

weis liefert der Bat-Detektor. Er hilft die scharfen Rufe des Abendseglers relativ klar von anderen zu unterscheiden. Bei anderen Rufen ist es schon ein wenig schwieriger, und es erfordert ähnlich wie bei den Vögeln eine große Erfahrung, um die Arten korrekt identifizieren zu können. Eine neue App für Smartphones soll allerdings auch für Laien Klarheit schaffen. IBats heißt die kostenlos verfügbare App für IPhone und Android. Laut Produktbeschreibung ist sie in der Lage, alle 900 weltweit existierenden Fledermausrufe aufzuzeichnen und zu identifizieren. Allerdings muss man ein Ultraschallmikrofon an das Smartphone anschließen.

› www.nabu-euskirchen.de

EXTRATIPP: Neben der Führung am Neffelsee bietet der NABU Euskirchen auch Fledermaus-Exkursionen in der Kakushöhle in Mechernich an. Immer am ersten und zweiten Freitag im September. Bei diesen Touren kommen die Teilnehmer den Tieren besonders nah, denn sie werden hier von Fledermaus-Experten mit Netzen eingefangen, um sie zu untersuchen und zu zählen. Die Aktion kostet 5,00 Euro für Erwachsene und 3,50 Euro für Kinder.

Schönes NRW

INFORMATIONEN

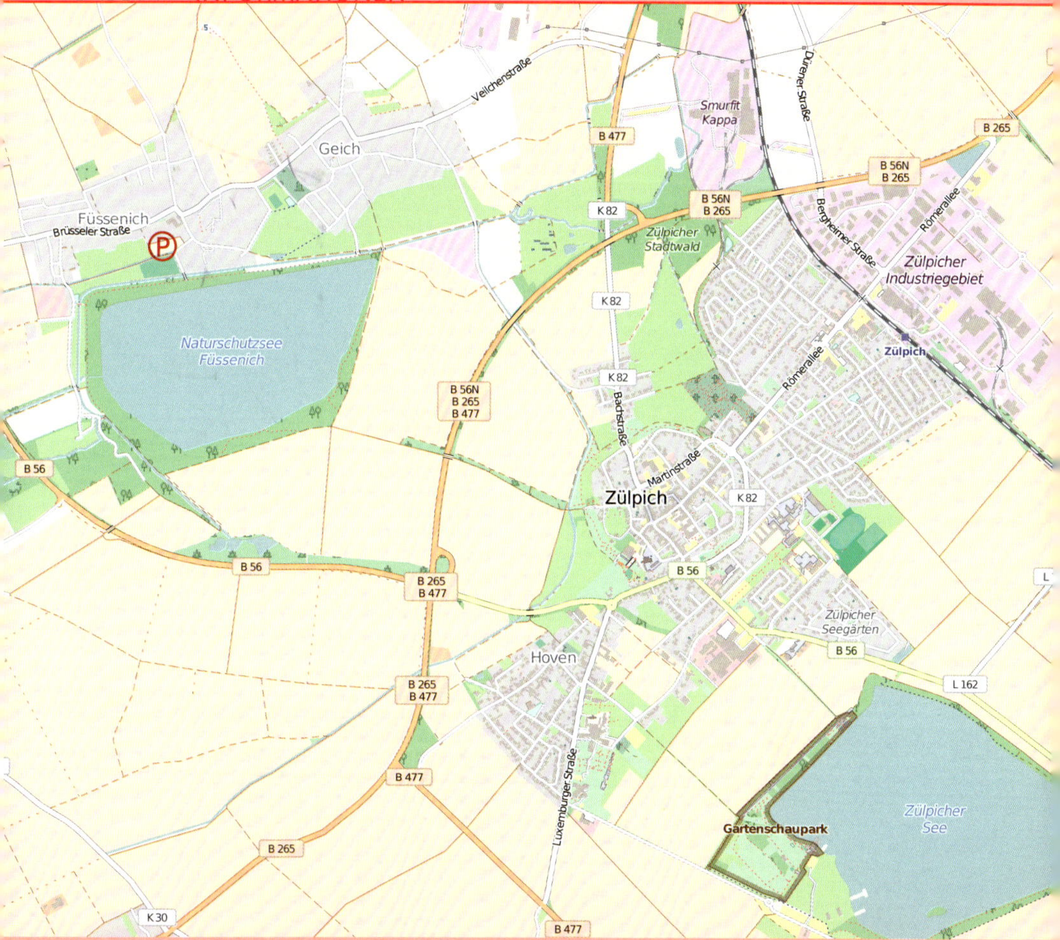

TREFFPUNKT:
NABU Artenschutzturm
an der Jülicher Straße
in Zülpich-Füssenich

› INFORMATIONEN:
info@nabu-euskirchen.de

› DAUER:
ca. 2 Stunden

› PREIS:
kostenlos

AMPHIBIEN-FÜHRUNGEN AUF ZECHE ZOLLVEREIN

KREUZKRÖTE UND BERGMOLCH

- abendliche Führung in atemberaubender Kulisse
- große Artenvielfalt auf dem Welterbe-Gelände
- Krötenkonzert unter dem Förderband

Dass Zeche Zollverein ein faszinierender Ort ist und jederzeit einen Besuch lohnt, weiß in NRW vermutlich jeder. Dass man auf dem ehemaligen Industriegelände mittlerweile auch viele Tier- und Pflanzenarten antrifft, dürfte sich auch herumgesprochen haben. Wie groß die Artenvielfalt auf der Industriebrache aber tatsächlich ist und wie viele seltene Amphibien darunter sind, dürften hingegen die Wenigsten ahnen. Denn erst seit 2014 gibt es Amphibien-Führungen auf dem Gelände, die in

Kooperation vom NABU Ruhrgebiet und dem Ruhr Museum durchgeführt werden. Die Touren bieten tiefe Einblicke in die eigentümliche Schönheit des Ortes – und die enorme Kraft der Natur.

Bild folgende Doppelseite: Teichfrosch

KREUZKRÖTEN SIND DIE „RUHRGEBIETSAMPHIBIEN"

Frösche, Molche und Kröten – sie alle leben in den verschiedenen Feuchtbiotopen der großen Industriebrache. Besonders häufig ist auf dem Areal eine Kröte anzutreffen, die anderenorts bereits sehr selten geworden ist und sogar auf der Roten Liste der gefährdeten Arten steht: die Kreuzkröte. Zu erkennen ist sie an einer gelblichen Linie, die über ihr „Kreuz" , also den Rücken, verläuft. Die Größe der Kröte variiert stark und ist nicht zwingend ein Indiz für ihr Alter. Viel mehr ist sie ein Hinweis darauf, wann das Tier die Metamorphose vollzogen hat. Die Entwicklungsdauer einer Kaulquappe ist nämlich stark von der Temperatur, dem Nahrungsangebot und dem Vorhandensein von Wasser abhängig. Droht ein Gewässer zu verdunsten, legen die Kaulquappen den Turbogang ein: sie werden quasi über Nacht erwachsen. Hat die Kreuzkröte Zeit lässt sie sich diese auch und bleibt bis zu 100 Tage im Kaulquappen-Stadium. Drohen ihr Trocken-

Krötenkonzert vor der „Skyline" der Kokerei Zollverein

heit und Tod entsteigt sie hingegen bereits nach knapp drei Wochen dem Tümpel. Welcher innerer Sensor die Tiere so handeln lässt, weiß die Wissenschaft noch nicht. Aber es ist fraglos faszinierend, wenn Diplom-Umweltwissenschaftler Bernhard Demel bei seinen Führungen über diese Dinge berichtet. Er ist einer von mehreren Experten, die die Amphibien-Touren auf Zeche Zollverein begleiten.

NÄCHTLICHES KRÖTENKONZERT UNTERM FÖRDERBAND

Besonders spannend ist es, wenn Bernhard Demel ein Exemplar im sogenannten „Krötengriff" hält. Dieser Griff umschließt den Unterkörper der oft sehr kräftigen Tiere und ermöglicht den Teilnehmern dabei einen guten Blick: Sie erkennen den namensgebenden Rückenstreifen und unzählige Warzen auf der Haut der Kröte. Wird der Griff gelockert und das Tier auf den Boden gesetzt, fallen auch die Beine ins Auge. Die schmalen Krötenbeine unterscheiden sich deutlich von den kräftigen Froschschenkeln und sind der Grund, warum Kröten gehen, während Frösche springen. Noch spannender wird es allerdings, wenn der Ökologe das Tier wieder zurück an die Fundstelle bringt. Ein großes Stück Todholz, unter dem es schön feucht ist. Kaum umgedreht, kommt eine ganze Krötenfamilie zum Vorschein. Große und kleine Kröten flitzen wild durch die Gegend, und versuchen sich vor den menschlichen Beobachtern in Sicherheit zu bringen. Von denen geht allerdings keine Gefahr aus; und nachdem die Tiere ausgiebig bewundert wurden, wird das Holzstück wieder in seine ursprüngliche Position gebracht. Die Gruppe marschiert weiter zum „Krötenknast" – so nennen die NABU-Mitarbeiter zwei Tümpel, die eigentlich viel zu idyllisch sind, um als Gefängnis zu gelten. Der Name rührt auch eher von dem Umstand her, dass sämtliche Kreuzkröten, die irgendwelchen Baumaßnahmen auf dem Areal im Wege waren, letztlich zwangsweise hier gelandet sind und Zäune das Areal umgeben. In der Dämmerung, wenn die Sonne über den Schlöten und Schächten versinkt, wirkt der „Knast" allerdings geradezu märchenhaft. Breitblättrige Rohrkolben und üppige Sauergräser wachsen am Ufer und ein altes Förderband umspannt das Gewässer wie ein Rahmen. An dem schönen Ort verweilen Besucher automatisch, zumal hier eine große Aussichtsplattform errich-

Teich- und Bergmolch (o.l.), Bernhard Demel setzt einen Bergmolch in der ehemaligen Kläranlage aus (o.r.), Kreuzkröte (Mitte r. und u.)

Bernhard Demel zeigt bei seinen Führungen, wo sich die Amphibien auf dem riesigen Areal verstecken

tet wurde. Dazu ertönt dann ein vielstimmiges Konzert aus Dutzenden Krötenkehlen.

DER MOLCH KOMMT ZURÜCK IN DIE EHEMALIGE KLÄRANLAGE

2017 wird Essen zur Grünen Hauptstadt werden – diesen Titel hat die Europäische Kommission der Stadt bereits 2015 für ihren konsequenten Naturschutz verliehen. Und bis zum Stichtag möchte man auf Zollverein einen genauen Überblick über alle Arten haben, die sich an dem ungewöhnlichen Ort angesiedelt haben. Bei den Amphibien sind das neben den Kreuzkröten fünf weitere Arten: Erdkröten, Berg- und Teichmolch sowie Wasser- und Grasfrosch. Sie zu unterscheiden, lernen die Teilnehmer auch auf der Tour. Besonders einfach ist das beim Bergmolch. Er hat eine leuchtend orange Bauchunterseite – die der Experte scherzhaft als „Alpenglühen" bezeichnet. Und dank dieser Eselsbrücke lässt sich der Gattungsname leicht merken. Natürlich wird auch der Molch nach seiner Performance wieder „nach Hause" gebracht. Dieses Zuhause ist ausgerechnet eine frühere Kläranlage, in der kohlehaltige Abwässer mit einem großen Rechen gereinigt wurden. Wer den kreisrunden Bau mit seinen steilen Wänden betrachtet, fragt sich unweigerlich, wie die Molche hier hineingelangt sind. Ein Sprung dürfte nämlich halsbrecherisch sein. Tatsächlich transportieren Enten & Co. Laich mit sich, wenn sie auf dem Wasser der alten Kläranlage landen. Und so leben heute dutzende Amphibien hier. Bemerkenswert ist auch die Anzahl von Libellen, Schmetterlingen und Pilzen, die sich auf der Brache angesiedelt haben. Auch Eulen und Fledermäuse sind mit etwas Glück auf Zollverein zu bewundern.

› www.zollverein.de/angebote/natur-auf-zollverein-amphibien

Schönes NRW INFORMATIONEN

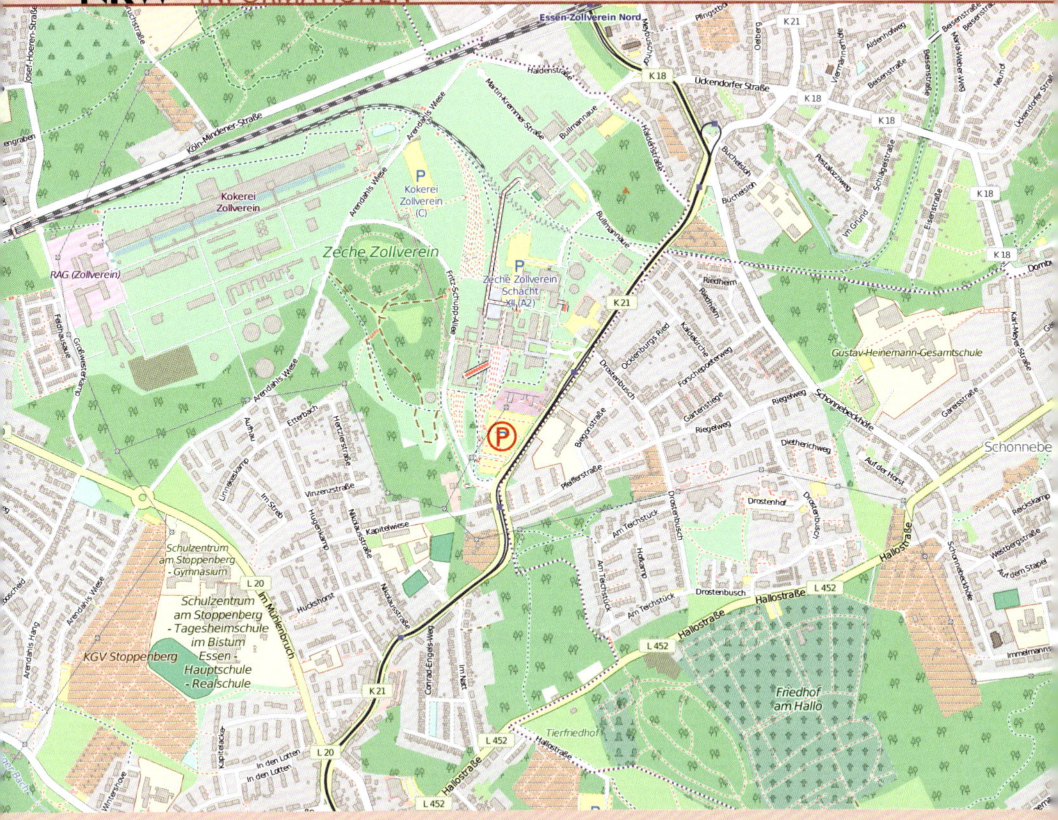

KONTAKT:
Ruhr Museum, Gelsenkirchener Straße 181, 45309 Essen
Tel.: 0201/24681444, besucherdienst@ruhrmuseum.de

› TREFFPUNKT:
Da die Amphibienführung in den Abendstunden stattfindet, wenn der Counter des Ruhr Museums geschlossen ist, trifft sich die Gruppe am Fuß der Rolltreppe auf dem Zechengelände

› DAUER:
ca. 2 Stunden

› ANMELDUNG:
um eine vorherige Anmeldung wird gebeten

› PREIS:
Erwachsene 3,00 Euro, Kinder sind frei

› HINWEIS: Festes Schuhwerk und eine Taschenlampe werden von den Veranstaltern empfohlen

› ZUSATZINFO: NABU und Ruhr Museum bieten auch viele andere Führungen auf Zollverein an, die eine Teilnahme lohnen: etwa zu Wildbienen, Libellen und Pilzen

IN DEN WÄLDERN DES ROTHAARGEBIRGES

WISENTE BEI VOLLMOND

- die größten Landsäugetiere Europas leben wieder in NRW
- stimmungsvolle Führung bei Vollmond in der Wisent-Wildnis
- originelle Übernachtungsmöglichkeit vor Ort

Sie sind wahrscheinlich die bekanntesten Wildtiere unseres Bundeslandes. Denn ihr Erscheinen im Rothaargebirge hat ein enormes Medienecho ausgelöst, das bis heute nachhallt. Und dank der anhaltendenden Berichterstattung gehört die Geschichte der Wisente mittlerweile fast zum Allgemeinwissen: einst die größten Landsäugetiere Europas wurden sie so intensiv bejagt, dass die bisonähnlichen Tiere bereits vor Jahrhunderten als ausgestorben galten. Lediglich in abgelegenen Regionen konnten

einige Individuen überleben. 1927 wurde dann auch das letzte frei lebende Exemplar im Kaukasus erschossen. Die dadurch entstandene Lücke im Ökosystem unseres Kontinents wollen Wissenschaftler durch intensive Züchtungen wieder schließen. Für diesen Versuch standen ihnen allerdings nur noch einige wenige Tiere aus Zoos und Freizeitparks zur Verfügung, so dass alle heute lebenden Wisente miteinander verwandt sind. Die gesamte Population wird mittlerweile wieder auf ca. 4.600 Tiere geschätzt.

Bild folgende Doppelseite: Wisent-Herde

EINZUG INS ROTHAARGEBIRGE

Im April 2013 ist eine kleine Herde im Rothaargebirge ausgewildert worden. Genau genommen sind es zwei Gruppen: Die sogenannte Artenschutzherde lebt komplett frei in den Wäldern des Rothaargebirges. Von den aktuell 20 Tieren sind die meisten sogar bereits in Freiheit geboren. Eine andere, kleinere Gruppe mit aktuell acht Mitgliedern kann in einem naturbelassenen Besucherareal bewundert werden. „Wisent-Wildnis am Rothaarsteig" lautet der korrekte Name, der Besuchern auch gleich eine geographische Orientierung liefert. Ist der Rothaarsteig doch einer der

Besucher am Gehege

Bildtext
Bildtext

beliebtesten Wanderwege Deutschlands. Dem Tourismus in der Region Wittgenstein hat das ambitionierte Artenschutzprojekt einen enormen Zuwachs und auch große Anerkennung beschert. Doch was die Tierfreunde freut, ärgert die örtlichen Waldbauern. Denn die mächtigen Tiere haben einen ebensolchen Appetit. Und stillen diesen gelegentlich auch an fremden Baumrinden. In Nachbars Garten schmeckt bekanntlich alles besser. Großzügige Entschädigungszahlen sollen die Bauern eigentlich über den erlittenen Verlust hinwegtrösten, doch tatsächlich wird immer noch prozessiert – mit ungewissem Ausgang. Im schlimmsten Fall müsste die wilde Herde eingefangen und eingesperrt werden. Das wäre dann das Ende eines mutigen Vorhabens.

VOLLMONDWANDERUNG IN DER WISENT-WILDNIS

Friedliebende Pflanzenfresser: Neugeborenes Wisent

Eine besonders schöne Möglichkeit, die Wisent-Wildnis mit ihren zotteligen Bewohnern kennenzulernen, ist eine Vollmondwanderung durch das

Areal. Insbesondere in den Wintermonaten ist die Tour nahezu mystisch. Denn dann liegt überall dichter Schnee auf den Wegen und auf den Tannen, die sich unter dem Gewicht der Massen biegen. Strahlend hell steht der Vollmond am nächtlichen Himmel und beleuchtet die Berge und Täler des Rothaargebirges. Es herrscht vollkommene Stille, die nur vom Knirschen einiger Schneeschuhe durchbrochen wird. Schweigend stapfen die Wanderer durch den Schnee, denn niemand möchte die besondere Stimmung stören. Gut zwei Stunden wird gewandert. Es geht querfeldein. Bergauf und bergab. Und zweimal über den Rothaarbach. Unterwegs entdeckt die Gruppe Tierspuren im Schnee, hört nächtliche Vogelrufe und freut sich über die ungewöhnlichen Sinneseindrücke.

Besondere Momente bieten Wisent-Touren im Winter

Vollmondwanderung mit Heidi Dickel

KLEINE HERDE WECKT GROSSES INTERESSE

Höhepunkt der Mondscheinwanderung ist natürlich die Begegnung mit den Wisenten. Und die Chance, die Tiere auch tatsächlich zu sehen, liegt laut Heide Dickel bei 95 Prozent. Die Natur- und Landschaftsführerin ist im Rothaargebirge zuhause und veranstaltet die Vollmondwanderungen seit 2014. Tierbegegnungen gehören zu ihrem Alltag. Doch auch für sie war das erste Treffen mit den Wisenten ein besonderer Moment, denn die Tiere sind einfach gewaltig. Und obwohl die Pflanzenfresser ausgesprochen friedliebend sind, müssen manche Besucher doch schlucken, wenn unver-

Wisent-Herde mit Jungtieren

Urige Unterbringung: der Schäferwagen

mittelt der große Bulle vor ihnen steht. Heidi Dickel informiert auf den Touren stets ausführlich über die Herde und beantwortet geduldig Fragen. Die Vollmondwanderungen in der Wisent-Wildnis finden mittlerweile monatlich statt. Gestartet wird je nach Jahreszeit zwischen 18 und 20 Uhr.

› www.eventwandern-heidi-dickel.de
› www.wisent-welt.de

DER BESONDERE ÜBERNACHTUNGSTIPP

Ganz neu im Rothaargebirge sind zwei Schäferwagen auf Fünf-Sterne-Niveau. Übernachtungsgäste finden in den Wagen eine komfortable und hochwertige Ausstattung, die von einem örtlichen Zimmermann gebaut wurden – inklusive Badezimmer und einer Veranda mit Sitzgelegenheit. Die Schäferwagen haben keinen festen Standort, sondern wechseln je nach Jahreszeit und individuellem Kundenwunsch den Platz. Wer möglichst nah an den Wisenten übernachten möchte, bekommt natürlich auch diesen Wunsch erfüllt. In der Regel sind die romantischen Stellplätze nur zu Fuß oder mit dem Fahrrad zu erreichen. Auf Wunsch wird zudem eine rustikale Brotzeit oder ein üppiges Frühstück ans Bett gebracht. Die Übernachtung für zwei Personen in den Luxus-Wagen kostet 150 Euro.

› www.heidi-dickel.de

Schönes NRW

INFORMATIONEN

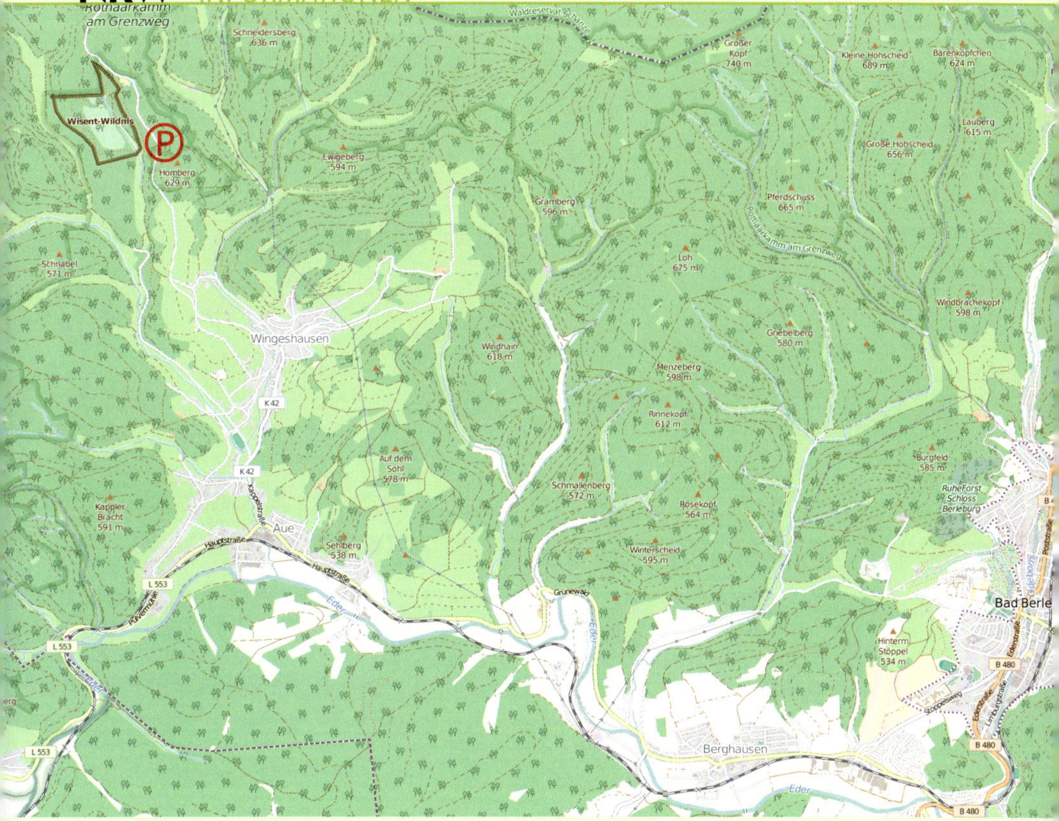

TREFFPUNKT:
Eingang der Wisent-Wildnis
Adresse fürs Navi: Weidiger Weg
57319 Bad Berleburg (Aue-Wingeshausen)

› **DAUER:**
ca. 2 Stunden

› **ANMELDUNG:**
Anmeldung erforderlich

› **PREIS:**
15,00 Euro. Die Schneeschuhtouren im Winter kosten 19,50 Euro.

› **ZUSATZINFO:**
unmittelbar am Besucherareal steht die Wisent-Hütte – ein Gastronomiebetrieb mit besonderem Konzept: die Hütte versorgt sich dank Solarenergie und Brunnenwasser selbst. Und auf der Speisekarte stehen ausschließlich regionale Produkte.

BILDNACHWEIS

WDR / Simin Kianmehr
S. 4

NABU / Klemens Karkow
S. 7

Rureifel Tourismus
S. 10 o.r., 10 u.

Biologische Station Aachen
S. 15, 18 l., 18 u.r.

Dr. Olaf Niepagenkemper
S. 16/17

Paul Bey
S. 23

Herbert Grabe
S. 31

Corinna Heer
S. 32/33

M. Höller
S. 35

Wolfgang Düx / Naturzentrum Eifel und Bildungswerk Nettersheim
S. 38-44

Gesing
S. 46-49

Stefan Ziese
S. 51-54

Ralf Worrmann / Biologische Station „Rieselfelder Münster"
S. 57-59, 60/61 o., 62

Bildarchiv Biologische Station „Rieselfelder Münster"
S. 61 u.

Stadt Ahaus
S. 65-70

Biologische Station Zwillbrock
S. 73-78

Christoph Sprave / NaturForum Bislicher Insel
S. 81-83, 85 u.r., 86-88

Neandertal Museum
S. 91-95

Dr. Inge Bischoff
S. 99-101

Eberhard Menz
S. 105

NABU / Günter Lessenich
S. 106/107

Martin Grimm
S. 109 o.l., 109 o.r., 109 u.l.

Karl-Heinz Bickmeier
S. 109 u.r.

Esther Guderley
S. 114/115, 117 o.l., 117 Mitte r., 117 u.

Wisent Welt Wittgenstein
S. 120-126

Heidi Dickel
S. 125 o.r., 126 o.r.

Alle übrigen Bilder stammen von Antje Zimmermann

Kartenmaterial: OpenStreetMap